工程管理年刊 2015（总第 5 卷）

中国建筑学会工程管理研究分会
《工程管理年刊》编委会　编

中国建筑工业出版社

图书在版编目（CIP）数据

工程管理年刊 2015（总第 5 卷）/中国建筑学会工程管理研究分会，《工程管理年刊》编委会编. —北京：中国建筑工业出版社，2015.11

ISBN 978-7-112-18588-7

Ⅰ.①工… Ⅱ.①中… ②工… Ⅲ.①建筑工程-工程管理-中国-2015-年刊 Ⅳ.①TU71-54

中国版本图书馆 CIP 数据核字（2015）第 248134 号

责任编辑：赵晓菲　朱晓瑜
责任校对：李欣慰　刘梦然

工程管理年刊 2015（总第 5 卷）

中国建筑学会工程管理研究分会
　　　　　　　　　　　　　　　　　编
《工程管理年刊》编委会

*

中国建筑工业出版社出版、发行（北京西郊百万庄）
各地新华书店、建筑书店经销
北京红光制版公司制版
北京市密东印刷有限公司印刷

*

开本：880×1230 毫米　1/16　印张：12½　字数：302 千字
2015 年 10 月第一版　　2015 年 10 月第一次印刷
定价：**40.00** 元
ISBN 978-7-112-18588-7
（27816）

《工程管理年刊》编委会

编委会主任：丁烈云

编委会委员：（按姓氏笔画排序）

前　言

2015 年，国民经济发展进入新常态，加快推进建筑业现代化，以绿色建造引领建设行业转型发展成为重要课题。建设工程全寿命周期的安全，可持续发展，信息化技术应用成为工程管理的重要发展方向。

近年来，建筑业发展迅猛，但建筑业也是高风险的行业，事故发生率高，我国住房和城乡建设部《2015 年上半年房屋市政工程生产安全事故情况通报》中提到：2015 年上半年，全国共发生房屋市政工程生产安全事故 168 起、死亡 219 人，全国有 30 个地区发生房屋市政工程生产安全事故。建筑业安全事故的频发，对企业自身造成重大损失，也对行业发展带来严重影响。本次年刊中，作者梁化康、张守健分析建设工程领域安全论文研究视角、分析方法、内容及作者分布，展现建设工程领域安全科学研究的前沿动态，提供了最新研究思想、研究方法以及安全管理技术。作者徐海清、陈健利用有限元对同台换乘地铁隧道结构的施工及长期运营安全进行数值模拟，其研究具有重要的工程意义。

绿色建筑从可持续发展的方针出发，愈来愈受到世人的重视。绿色建筑将通过现代化的建造方式，降低建筑物建造过程中的资源和能源消耗；通过工厂化的生产方式，提高建筑物的建造质量，从而降低建筑物后期维护过程中的资源和能源消耗；通过新技术、新材料的技术集成实现建筑全寿命周期内的节能环保和适用性。本次年刊中，作者王孟钧、杨艳会、李香花从我国建筑业上市公司财务的角度及基于 Higgins 可持续增长模型，研究了建筑业企业的可持续增长，得出我国建筑业上市公司可持续增长率与实际增长率存在差异、但二者逐年接近的结论。作者尹奎、王兴波在文章中提出在民用建筑机电工程中，管道工厂化预制生产技术仍有待进一步探索，考虑如何结合信息化技术，引进制造业全生命周期管理的理念、技术，使得机电管道的生产、安装高质高效，降低资源和能源消耗，意义是十分重大。作者李红波、刘亚丽提出城中村改造采用整体适应性渐进式改造模式，使改造在不断深入的同时保证城市可持续更新。

随着计算机、网络、通信技术的发展，信息技术在工程建设领域的发展突飞猛进，其中以 BIM 为代表的新兴信息技术，成为各类信息技术的集大成者，BIM 技术正改变着当前工程建造的模式，推动工程建造模式转向以全面数字化为特征的数字建造模式。本次年刊中，来自美国马里兰大学帕克分校的 Miroslaw J. Skibniewski 教授在他的文章中提到 BIM 在美国的研究应用，同时他还讲到，要使 BIM 应用在中国顺利落地，最重要的就是一套适用于中国工程实际的 BIM 标准。作者汪军民在文中从 BIM 技术入手，分析了基于 BIM 的设施管理的内容，得出了基于 BIM 设施管理模式，并根据此模式，设计了基于 BIM 的设施管理系统结构和功能框架。作者赵璐、翟世鸿、陈富强、姬付全在文中提到 BIM 应用的最佳切入点是通过项目的具体应用，BIM 技术只有跟企业管理相结合起来，才能真正应用，并发挥巨大价值。

2015 年，工程管理研究分会继续紧跟科学技术发展的步伐，跟踪建筑产业现代化涉及方面的前沿问题。特别将"建筑业现代化：安全、绿色、效益"确定为今年《工程管理年刊》的主题，希望对我国建筑业现代化发展、行业研究应用、人才培养等问题的研究起到推动与促进作用。

目　录

Contents

专业书架

前沿动态

Frontier & Trend

建设工程领域安全科学研究前沿

梁化康　张守健

（哈尔滨工业大学工程管理研究所，哈尔滨 150001）

【摘　要】选取安全科学领域国际权威期刊 *Safety Science* 为代表，展现安全领域科研动态和前沿课题。通过分析该刊 2014 年 5 月～2015 年 5 月收录论文领域、内容、数量、研究方法与作者分布等情况，并进一步分析建设工程领域安全论文研究视角、分析方法、内容及作者分布，展现建设工程领域安全科学研究的前沿动态，提供最新研究思想、研究方法以及安全管理技术，促进我国建设工程安全理论的研究水平及建设行业安全技术应用与安全管理的实践水平的整体提升。

【关键词】安全科学；建设工程；研究方法；研究动态

Research Frontiers of Construction Safety Science

Liang Huakang　Zhang Shoujian

（Institute of Construction Management，Harbin Institute of Technology，Harbin，150001）

【Abstract】The paper selects *Safety Science*，an international authoritative journal，as the representative，to unfold the research frontiers for the field of safety science. Through the analysis of academic papers' area，content，quantity，study methods and author division，published on the journal from May 2014 to May 2015，and further analyzing these papers' research perspective，analysis methods，content and author division belonging to the construction field，the paper shows the forefront dynamics of the safety research in the construction engineering，to provide new research ideas，research methods and security management technology，and to promote the overall upgrade the level of domestic construction engineering safety theory research and the practice competence for the safety technology application and safety management in the construction industry.

【Keywords】safety science；construction engineering；research methods；research trends

1 引言

安全是人类求得生存和发展的最基本条件。安全科学是从安全需要（目标）出发，研究人、机（物）、环境之间的相互作用，寻求和把握人类生产、生活、生存安全的科学知识体系。其研究内容随着人类的进步、科技的发展，随着人类对安全的认识和要求的提高而不断扩充。其研究方法和研究水平也在不断地完善和提高。有效地识别和掌握安全科学研究前沿是该领域科研活动的基础环节，是正确获取其科研动态和研究热点的前提。

建设工程活动支撑着整个国民经济发展和社会进步，是国家发展建设的重要领域之一。然而建设工程产品的生产由于其自身具有的一次性、复杂性、露天高空作业和交叉作业多等特点，施工过程易受环境因素影响，不确定因素呈复杂化、多样化。特别是在我国，建设行业由于安全投入不足，施工人员文化素质参差不齐，人员流动频繁，安全意识、自我保护意识和维权意识弱等种种原因，导致建筑行业成为仅次于采矿业的安全事故高发的行业。针对我国建设工程领域所暴露的不安全因素，需要用技术手段和安全措施加以消除和控制。然而，与国际先进的安全生产管理模式相比，我国建设工程安全生产技术含量较低，安全管理理念较为落后，制约着建设工程领域安全水平的整体提升。

为满足国内建设工程领域安全生产实践的需求，提高国内工程建设安全科研人员的研究水平，加快国内建设领域安全技术和安全管理研究创新，本文统计 2014～2015 年度安全科学领域国际权威期刊所发表的科技文献，从不同角度全面、客观地反映出建设工程领域安全科学研究的最新动态，并通过对比近三年的统计数据，展现最新的科研动态和前沿课题，为建设工程领域安全科学研究人员提供新的思路。

2 *Safety Science* 总体介绍

本文选取安全科学领域国际权威期刊 *Safety Science* 近一年发表的 262 篇学术论文来展现建设工程领域安全科学研究的前沿动态。该刊被 SCI 检索，由荷兰 Elsevier B.V 出版，收录文章范围涵盖医疗、交通、能源、制造业与建筑业等方面安全问题。

最新统计该刊 2013～2014 年度的影响因子为 1.672，近五年来影响因子如图 1 所示。该刊在安全科学领域影响巨大，能够代表建设工程领域安全科学的发展方向。

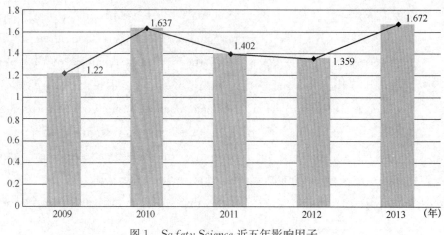

图 1 *Safety Science* 近五年影响因子

3 作者分布情况

2014 年 5 月～2015 年 5 月期间，*Safety Science* 期刊共收录来自世界 38 个国家及地区共计 262 篇科技论文。图 2 反映发表科技论文数量最多的十个国家的文章分布情况。排名前三的国家中，中国（包括港、澳、台地区）共 34 篇，澳大利亚共 27 篇，美国共 21 篇，占总体数量的31.3%，安全科学研究聚集效应明

显。各国科研机构在近一年中的安全科学研究成果数量差别显著。表 1 列举了近一年被 *Safety Science* 收录文章数量在 3 篇及以上的科研机构名称，其中澳大利亚的新南威尔士大学发表了 6 篇，反映出该所大学在安全科学领域的科研能力，这是安全领域研究人员需重点关注的科研机构。中国的清华大学发表了 4 篇，是国内安全研究人员科研交流和学习的对象。

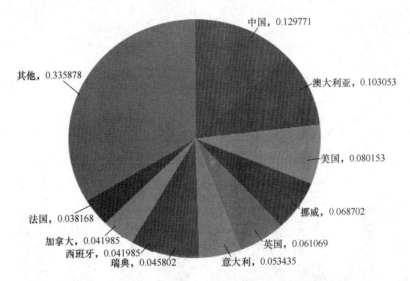

图 2　近一年各国安全科学研究领域的论文分布情况

近一年发表文章数量领先的科研机构情况　　　表 1

科研机构	国家	科技论文发表数量
新南威尔士大学	澳大利亚	6
纽芬兰纪念大学	加拿大	4
挪威科技大学	挪威	4
清华大学	中国	4
贝尔格莱德大学	塞尔维亚	3
澳大利亚国立大学	澳大利亚	3
米兰理工大学	意大利	3
印度理工大学	印度	3
梅西大学	新西兰	3
马加拉大学	西班牙	3
伊斯坦布尔大学	土耳其	3
田纳西大学	美国	3

4 安全科学研究情况统计分析

将 2014 年 5 月～2015 年 5 月 *Safety Science* 收录的 262 篇科技论文，从研究行业情况、研究内容、研究方法三个方面进行研究，同时将此与之前两年的历史数据进行比较分析，判断安全科学近一年内在研究行业、研究内容及研究方法的分布情况及前沿趋势，以掌握其中的科研规律。分析统计结果如图3～图 5 所示。

图 3 反映根据这 262 篇文章中筛选出 5 类行业部门的分布情况。交通运输行业的安全科学研究数量一直保持在这 5 类行业部门的首位，涵盖了陆地、海洋及航空的事故分析。从

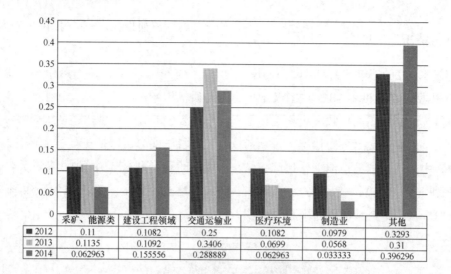

	采矿、能源类	建设工程领域	交通运输业	医疗环境	制造业	其他
2012	0.11	0.1082	0.25	0.1082	0.0979	0.3293
2013	0.1135	0.1092	0.3406	0.0699	0.0568	0.31
2014	0.062963	0.155556	0.288889	0.062963	0.033333	0.396296

图 3　近三年研究行业对比

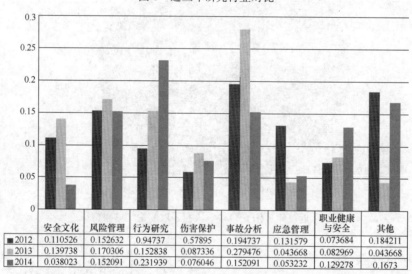

	安全文化	风险管理	行为研究	伤害保护	事故分析	应急管理	职业健康与安全	其他
2012	0.110526	0.152632	0.94737	0.57895	0.194737	0.131579	0.073684	0.184211
2013	0.139738	0.170306	0.152838	0.087336	0.279476	0.043668	0.082969	0.043668
2014	0.038023	0.152091	0.231939	0.076046	0.152091	0.053232	0.129278	0.1673

图 4　近三年研究内容对比

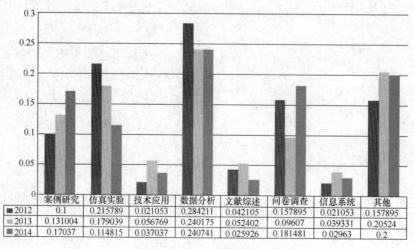

	案例研究	仿真实验	技术应用	数据分析	文献综述	问卷调查	信息系统	其他
2012	0.1	0.215789	0.021053	0.284211	0.042105	0.157895	0.021053	0.157895
2013	0.131004	0.179039	0.056769	0.240175	0.052402	0.09607	0.039331	0.20524
2014	0.17037	0.114815	0.037037	0.240741	0.025926	0.181481	0.02963	0.2

图 5　近三年研究方法对比

近三年的情况看，建设工程领域安全科学文章数量略高于采矿、能源类，是安全科学研究领域的重点行业之一，并呈现出研究热度不断增加的趋势。除了上述五类行业部门外，其余文章研究的是中、小型及微型企业的职业健康、安全、消防、应急等社会公共安全问题及其他一些安全基础理论。

图4反映安全科学领域近三年研究内容的分布情况。关于事故分析、风险管理、安全行为及安全文化分析等方面是安全科学研究的热点内容。（1）事故分析主要包括了危险源、危害因素辨识，利用历史事故数据统计分析、案例研究及仿真实验提升安全绩效等。（2）风险管理主要关于其他理论在风险分析中的应用，如贝叶斯网络、LGM分析、FSA和EMA-TEL方法、改进熵权的TOPSIS-RSR等，同时部分文章研究个人、群体的心理风险问题。（3）行为研究主要包括与安全有关的安全行为及激励因素，持续工作时间及疲劳度对人员可靠性影响，驾驶员及行人的交通安全行为，建筑工人的安全习惯等方面的研究。行为研究的文章数量呈现逐年上升的趋势，反映出安全行为研究在安全科学领域的重要性。

图5展现了近三年安全科学主要研究方法，包括数据分析、仿真实验、问卷调查及案例研究等。（1）数据分析的数据一般来源于问卷调查、结构化访谈、档案记录，通过相关性分析、回归分析及结构方程分析等统计方法进行风险因素、危险源识别，或分析安全习惯及事故特征。（2）仿真实验主要通过情景模拟，收集、分析参与者的行为、心理及生理指标特征。（3）问卷调查和案例研究是安全科学研究中主要使用的研究方法，为安全研究提供大量的第一手数据资料，研究个人、群体的安全行为、态度、心理感知及安全管理参与特征，组织的安全文化对安全事故或职业健康及安全的影响，同时包括对国家、行业及企业的安全状

态评估及安全因素识别等。

5 建设工程领域安全科学研究情况统计分析

5.1 作者分布

Safety Science 近一年共收录建设工程领域来自13个国家的33篇科技论文。澳大利亚、中国及美国文章数量最多，这与上文反映的各国安全科学研究总体实力情况相一致，表明这三个国家在建设工程领域的安全科学研究具备较高的整体水平。澳大利亚的墨尔本皇家理工大学、美国的田纳西大学、丹麦的国家工作环境研究中心在近一年当中都在该刊发表两篇建设工程领域安全科学科技文章，展示了这三所科研机构在建设工程领域安全科学的科研实力。中国台湾和香港地区在近一年当中分别发表了4篇和2篇科技论文，占中国发表文章总数的75%，说明中国台湾和香港地区也具备较高的建设工程领域安全科学研究水平。

近一年建设工程领域安全科学科技论文的发表情况　表2

国家、地区	科技论文数量
澳大利亚	8
中国（包含港、澳、台地区）	8
美国	7
丹麦	2
韩国	2
西班牙	1
阿尔及利亚	1
巴西	1
葡萄牙	1
瑞典	1
新加坡	1

5.2 研究情况统计分析

Safety Science 近一年来收录的33篇建设工程领域安全科学文章的研究主题具有多样性，

研究视角主要分为两大类：管理驱动及技术驱动。管理驱动类文章主要研究建设工程安全有关的安全环境、安全文化，员工的个人能力或行为，危险源的识别等；技术驱动类文章主要研究通过不同类型技术措施的投入保障施工现场安全。安全技术能够有效弥补安全管理系统中人为失误，因此两类文章相辅相成，不可相互取代。由图6可知，管理驱动类文章数量占75%，是建设工程领域安全科学研究的主要视角，技术驱动类文章数量相对较少，反映近一

年来建设工程领域安全技术创新能力不足。

建设工程领域内安全科学研究分析方法包括：（1）定性分析；（2）定量分析；（3）混合分析。定性分析和定量分析应用情况可以反映该领域科学研究的成熟度水平。定量分析指根据收集的数值数据，通过演绎推理联系理论和研究对象，将自然科学方法应用到社会实际问题当中；定性分析是通过归纳推理来联系理论和研究对象，强调在收集和数据分析中语义分析的使用。从图7可看出，33.3%的文章使用

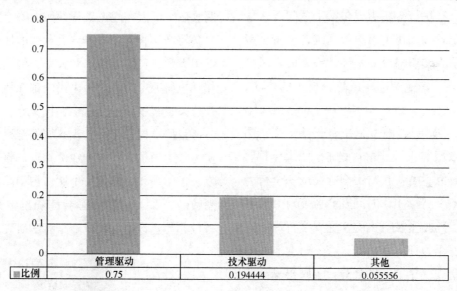

	管理驱动	技术驱动	其他
比例	0.75	0.194444	0.055556

图6 建设工程领域安全科学研究视角分类

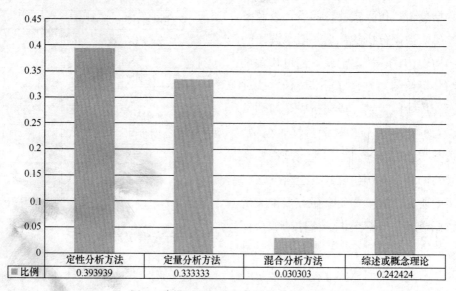

	定性分析方法	定量分析方法	混合分析方法	综述或概念理论
比例	0.393939	0.333333	0.030303	0.242424

图7 建设工程领域安全科学分析方法

的定量分析方法，包括针对样本的李克特量表使用、结构化访谈及结构化观察，实验的方法研究特定安全投入与产出的关系；39.4%的文章使用定性分析方法，包括 Ethnography、扎根理论、案例研究、Phenomenology 等方法；只有 3.0%的文章采用定性、定量结合的方式，采用叙事文本分析（NTA）将文本转换成数据，利用统计分析方法研究变量之间数量关系。使用定性分析方法文章数量略高于定量分析方法的数量，这可以用建设工程领域安全科学研究的复杂性解释，建设工程环境因素、作业流程因素及人员因素复杂多变，导致安全研究定量分析研究难度较大。

建设工程领域安全科学研究主要内容包括：（1）通过安全事故、伤害数据的分析来提高安全绩效；（2）研究个人、群体行为特征与安全事故的关系；（3）进行安全理论创新及安全评估；以及（4）关于安全技术、设施投入

研究。安全事故、伤害数据分析包括住宅防水施工坠落事故分析，施工安全事故数量与返工数量的共生关系，安全事故数量与公司规模大小的关系，施工设备安拆安全影响因素及事故成本影响因素等。个人、群体行为特征研究内容包括工人对安全标识设计形式的感应研究，基于人员行为分析的安全控制方法的应用，基于员工视角的安全实践行为及经理人——员工的安全协商，职业健康、安全程序执行的激励因素等。安全理论创新及安全评估内容包括基于贝叶斯网络的风险评估、建筑安全标准差别的全球性研究、安全控制措施的质量评估、施工机械设计人员背景知识与施工安全关系等。安全技术、设施的安全投入内容包括建筑形式对人员安全的影响、基于本体论知识的施工安全自动化检测系统应用、BIM 技术在施工安全规划及坠落危险识别中的应用、桥梁垮塌检测及现场紧急报警系统应用等。

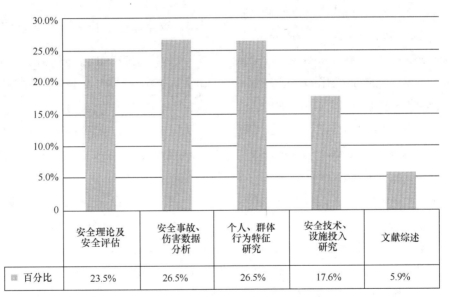

	安全理论及安全评估	安全事故、伤害数据分析	个人、群体行为特征研究	安全技术、设施投入研究	文献综述
百分比	23.5%	26.5%	26.5%	17.6%	5.9%

图 8　建设工程领域安全科学研究内容分类

5.3　研究总结

通过分析 *Safety Science* 近一年来收录的 33 篇建设工程领域的文章发现：（1）管理驱

动仍是建设工程领域安全科学研究的主要视角，安全管理仍是安全事故、伤害控制的主要方式。但安全水平的持续提升离不开安全技术对安全管理的辅助，需进一步加强建设工程领

域安全技术研究。（2）定性分析方法在建设工程领域安全科学研究中使用较多，这与建设工程领域安全问题的复杂性特点有很大的联系，定性分析方法仍是该领域今后安全科学研究的一种重要分析方法。然而定性分析方法缺乏客观性，可复制性较差，不利于安全科学研究成果的拓展。因此对该领域安全问题的定量化分析及定性、定量分析相结合的分析方法是今后发展的重要方向。（3）安全事故、伤害分析，个人、群体行为特征研究，安全理论及安全评估研究及安全技术、设施投入研究所占的比例基本相当，都是该领域安全科学研究一般内容形式，可供安全科学研究人员参考。

6 近一年来建设工程领域安全科学发表论文目录

6.1 安全理论及安全评估（8篇）

［1］ A. López-Arquillos, J. C. Rubio-Romero, M. D. Martinez-Aires. Prevention through Design (PtD). The importance of the concept in Engineering and Architecture university courses[J]. Safety Science, 73(2015) 8-14.

［2］ Tung-Tsan Chen, Sou-Sen Leu. Fall risk assessment of cantilever bridge projects using Bayesian network [J]. Safety Science, 70(2014)161-171.

［3］ Adeeba A. Raheem, Jimmie W. Hinze. Disparity between construction safety standards: A global analysis[J]. Safety Science, 70(2014)276-287.

［4］ Dong Zhao, Andrew P. McCoy, Brian M. Kleiner, Tonya L. Smith-Jackson. Control measures of electrical hazards: An analysis of construction industry [J]. Safety Science, 77(2015)143-151.

［5］ Eduardo Diniz Fonseca, Francisco P. A. Lima, Francisco Duarte. From construction site to design: The different accident prevention levels in the building industry [J]. Safety Science, 70(2014)406-418.

［6］ Elizabeth Bluff. Safety in machinery design and construction: Knowledge and performance[J]. Safety Science, 74(2015)59-69.

［7］ Vitor Sousa, Nuno M. Almeida, Luís A. Dias. Risk-based management of occupational safety and health in the construction industry-Part 2: Quantitative model [J]. Safety Science, 74 (2015)184-194.

［8］ Chaib Rachid, Verzea Ion, Cozminca Irina, Benidir Mohamed. Preserving and improving the safety and health at work: Case of Hamma Bouziane cement plant (Algeria) [J]. Safety Science, 76(2015)145-150.

6.2 安全事故、伤害数据分析（9篇）

［9］ Edward L. Taylor. Safety benefits of mandatory OSHA 10h training[J]. Safety Science, 77(2015)66-71.

［10］ John R. Moore, John P. Wagner. Fatal events in residential roofing [J]. Safety Science, 70(2014)262-269.

［11］ Peter E. D. Love, Pauline Teo, Brad Carey, Chun-Pong Sing, Fran Ackermann. The symbiotic nature of safety and quality in construction: Incidents and rework non-conformance [J]. Safety Science, 79(2015)55-62.

［12］ Chia-Wen Liao, Tsung-Lung Chiang. The examination of workers' compensation for occupational fatalities in the construction industry [J]. Safety Science, 72(2015)363-370.

［13］ Kari Anne Holte, Kari Kjestveit, Hester J. Lipscomb. Company size and differences in injury prevalence among apprentices in building and construction in Norway[J]. Safety Science, 71(2015)205-212.

［14］ Yingbin Feng, Shang Zhang , Peng Wu. Factors influencing workplace accident costs of building projects［J］. Safety Science, 72 (2015)97-104.

［15］ Ashim Kumar Debnath, Ross Blackman , Narelle Haworth. Common hazards and their mitigating measures in work zones: A qualitative study of worker perceptions［J］. Safety Science, 72(2015)293-301.

［16］ Yingbin Feng , Shang Zhang , Peng Wu. Factors influencing workplace accident costs of building projects［J］. Safety Science, 72 (2015)97-104.

［17］ In Jae Shin. Factors that affect safety of tower crane installation/dismantling in construction industry[J]. Safety Science, 72(2015) 379-390.

6.3 个人、群体的行为特征(8篇)

［18］ Annie W. Y. Ng , Alan H. S. Chan. Effects of user factors and sign referent characteristics in participatory construction safety sign redesign[J]. Safety Science, 74(2015)44-54.

［19］ Heng Li, Miaojia Lu, Shu-Chien Hsu, Matthew Gray, Ting Huang . Proactive behavior-based safety management for construction safety improvement[J]. Safety Science, 75(2015) 107-117.

［20］ M. N. Ozmec, I. L. Karlsen, P. Kines, L. P. S. Andersen, K. J. Nielsen. Negotiating safety practice in small construction companies［J］. Safety Science, 71 (2015) 275-281.

［21］ Laura Veng Kvorning, Peter Hasle, Ulla Christensen. Motivational factors influencing small construction and auto repair enterprises to participate in occupational health and safety programmes[J]. Safety Science, 71(2015)253-263.

［22］ Jan Hayes. Taking responsibility for public safety: How engineers seek to minimize disaster incubation in design of hazardous facilities [J]. Safety Science, 77(2015)48-56.

［23］ Dongping Fang, Zhongming Jiang, Mingzong Zhang, Han Wang. An experimental method to study the effect of fatigue on construction workers' safety performance[J]. Safety Science, 73(2015)80-91.

［24］ Qian Chen , Ruoyu Jin. A comparison of subgroup construction workers' perceptions of a safety program［J］. Safety Science, 74(2015)15-26.

［25］ Hee-Chang Seo, Yoon-Sun Lee, Jae-Jun Kim, Nam-Yong Jee. Analyzing safety behaviors of temporary construction workers using structural equation modeling［J］. Safety Science, 77 (2015)160-168.

6.4 安全技术、设施投入(6篇)

［26］ Nirajan Shiwakoti, Yanshan Gong, Xiaomeng Shi, Zhirui Ye. Examining influence of merging architectural features on pedestrian crowd movement[J]. Safety Science, 75(2015)15-22.

［27］ Ying Lu, Qiming Li, Zhipeng Zhou, Yongliang Deng. Ontology-based knowledge modeling for automated construction safety checking [J]. Safety Science, 79(2015)11-18.

［28］ Sijie Zhang, Kristiina Sulankivi, Markku Kiviniemi, Ilkka Romo, Charles M. Eastman, Jochen Teizer. BIM-based fall hazard identification and prevention in construction safety planning[J]. Safety Science, 72

(2015)31-45.

[29] Guan-Yuan Wu, Hao-Chang Huang. Modeling the emergency evacuation of the high rise building based on the control volume model [J]. Safety Science, 73(2015)62-72.

[30] Nie-Jia Yau, Ming-Kung Tsai, Hao-Lin Wang, Dong-Mou Hung, Chih-Shian Chen, Wen-Ko Hsu. Improving bridge collapse detection and on-site emergency alarms: A case study in Taiwan[J]. Safety Science, 70(2014)133-142.

[31] David Rempel, Alan Barr. A universal rig for supporting large hammer drills: Reduced injury risk and improved productivity [J]. Safety Science, 78(2015)20-24.

6.5 文献综述(2篇)

[32] Zhipeng Zhou, Yang Miang Goh, Qiming Li. Overview and analysis of safety management studies in the construction industry[J]. Safety Science, 72(2015)337-350.

[33] Patrick X. W. Zou, Riza Yosia Sunindijo, Andrew R. J. Dainty. A mixed methods research design for bridging the gap between research and practice in construction safety[J]. Safety Science, 70(2014)316-326.

基于 BIM 的设施管理研究与应用

汪军民

（武汉新城国际博览中心有限公司，武汉 430050）

【摘　要】 设施管理是一门新兴的交叉学科，是以保持业务空间品质的生活和提高投资效益为目的，以最新的技术对人类有效的生活环境进行规划、整备和维护管理的工作。BIM 技术包含准确、全面的设备模型信息，为研究设备管理提供了良好的软件环境和信息载体。本文在分析传统的设施管理模式的基础上，从 BIM 技术入手，分析了基于 BIM 的设施管理的内容，并在此基础上递进一步，得出了基于 BIM 设施管理模式，并根据此模式，设计了基于 BIM 的设施管理系统结构和功能框架，并结合某实际案例，分析介绍了设施管理系统理论在运维工作中的实际应用效果，验证了 BIM 技术在设施管理中的作用及价值。

【关键词】 设施管理；设施管理系统；BIM 技术；信息管理；博览中心会议中心

Research and Application of Facility Management Based on BIM

Wang Junmin

（Wuhan New City International Expo Center Co. ，ltd，Wuhan 430050）

【Abstract】 As a burgeoning interdiscipline，facility management aims to improve both the space quality of business life and the investment benefit. It can efficiently plan，manage and maintain the living environment of human beings by using the newest technology. BIM technology can be applied to obtain the accurate and comprehensive equipment model information，which provides a good software environment and information carrier for the study of facility management. Based on the traditional facility management，this paper has proposed a new facility management mode based on BIM，and further designed the function framework of the system of BIM-based facility management. Case study has been conducted to illustrate the practical application of the system in the operational work，which has confirmed the value of BIM technology in facilities management.

【Keywords】　facility management；facility management system；BIM technology；information management；Expo center and conference center

1　引言

在建筑设施整个生命周期中，最大的一部分费用往往发生在设施管理阶段，大约占了60%，而在设施阶段主要进行的是设备维护管理[1]。因此，正确合理地进行设备设施维护，可减少设备故障发生，提高设备使用效率，降低设备检修费用，提高企业经济效益[2]。随着城市化进程的加快，建筑工程铺天盖地般拔地而起的同时，也给持续时间最长、承载信息量最大的设施管理带来了前所未有的挑战与机遇。因此，有针对性的研究并开发应用适合企业发展的设施管理信息系统迫在眉睫。

而国内对于设施管理的认识还非常有限，依然处在探索阶段，其发展还处在以住宅小区为对象的物业管理这样一个初级阶段，对于大型公用和商业设施的管理，还停留在维护管理这个层面，与专业化的设施管理相去甚远。同时，设施管理信息主要来源于纸质的竣工资料，在设备属性查询、维修方案和检测计划的确定，以及对紧急事件的应急处理时，往往需要从大量的原有设计、施工数据和图纸中获取，各专业系统间的信息断层，使信息难以直接再利用，甚至造成信息的延误、缺损或丢失。

BIM 技术给整个建筑行业带来了前所未有的价值，BIM 技术能够支持建筑设施全生命期的信息管理，使得生命期的信息能够得到有效的组织和追踪；BIM 可以对各阶段的信息进行有机的集成、共享和管理，支持项目各参与方对其属性及工作流程的定义，从而实现建筑设施全生命期信息的集成管理，形成信息知识库，并保证信息从一阶段传递到另一阶段

时不会发生信息流失，减少信息歧义和不一致[3]。同时，BIM 可以通过 3D 数字化技术为设备、设施提供虚拟模型，直观形象地展示各个设备系统的空间布局和逻辑关系[4, 5]，并可通过模拟维护过程来帮助分析揭示可能的冲突和错误，实现复杂设备维护工作。

因此，在建筑项目尤其是大型复杂的项目中，设施管理方面大力推广 BIM 技术，进行信息化建设是非常有必要的。

2　设施管理及 BIM 技术理论

2.1　设施管理概念

按照国际设施管理协会（International Facilities Management Association，IFMA）和美国国会图书馆的定义，设施管理是以保持业务空间品质的生活和提高投资效益为目的，以最新的技术对人类有效的生活环境进行规划、整备和维护管理的工作，它"将物质的工作场所与人和机构的工作任务结合起来"[6]，是一门综合了工商管理、建筑科学、工程技术以及人体工程学的综合学科。本文所研究的设施管理将基于国际设施管理协会（IFMA）关于设施管理的定义，即设施管理是一种包含多种学科，综合人、地方、过程及科技以确保建筑物环境功能的专门行业。

美国国家标准与技术协会（NIST）于2004 年进行了一次研究，目的是预估美国重要设施行业（如商业建筑、公共设施建筑和工业设施）中的效率损失。该研究报告显示，业主和设施商在设施管理方面耗费的成本几乎占总成本 2/3。上述统计数字反映了设施管理人员的日常工作：使用修正笔手动更新住房报

告；通过计算顶棚的数量，计算收费空间的面积；通过查找大量建筑文档，找到关于热水器的维护手册；搜索竣工平面图。

不难看出，一幢建筑在其生命周期的费用消耗中，约80％的部分是发生在使用阶段，其中主要的费用构成因素有：抵押贷款的利息支出、租金、重新使用的投入、保险、税金、能源消耗、服务费用、维修、维护和清洁等。在建筑物的平均使用年限达到7年以后，这些使用阶段发生的费用就会超过该建筑物最初的建筑安装造价，然后，这些费用总额就以一种不均匀的抬高比例增长，在一幢建筑物的使用年限达到50年以后，建筑物的造价和使用阶段的总的维护费用这两者之间的比例可以达到1∶9。因此，职业化的设施管理将会给业主和设施商带来极大的经济效益。设施经理协会组织的第二届设施管理国际研讨会使得设施管理开始得以全面研究。设施管理实践人员和学者开始逐渐意识到需要进行更多的实证研究。

近年来，在"以信息化带动工业化"的国家发展战略带动下，我国各级政府与企业的信息化建设浪潮持续高涨。信息系统在公司业务特别是在设施管理中发挥着如下重要作用：为管理层提供全面、及时、准确的预算、开支、现金流、物流、客流、风险等重要信息，使管理层决策科学化、信息化；标准化、自动化的信息系统提高了生产效率，支持设备维护管理以确保设施服务水平；信息系统具有开支预算、成本核算、开支审批监控机制，控制运营成本，从而为公司增加盈利、降低生产成本。但是，根据广东省信息中心和信息协会对335家已经实现了信息化的政府部门和企业的调查[7]，有的政府部门和企业认为本单位开发的信息系统成效一般：认为不理想的有21.79％；认为效果非常好的只有9.55％。从我国目前设施管理系统的应用及开发水平来看，虽然收效显著，但还存在不少问题，主要表现在：

（1）国内信息系统的应用还处于初级阶段，其处理功能和计算机语言还不够完善，尚不能做到全过程计算机化。

（2）对存在于信息系统中的大量的设施管理数据信息的技术分析不够全面和深入，这与企业设施管理方式有关。目前，我国企业在开展设施综合管理活动方面，进展很不平衡，管理深度不一，系统要求的数据还不能有效提供，使信息系统的研发和运行效率受到影响。

（3）设施管理信息系统与企业生产管理和工程技术管理结合不够。

因此，有针对性的研究并开发应用适合企业发展的设施管理信息系统迫在眉睫。

2.2 BIM 技术特点与应用价值

一个完善的信息模型，能够连接建筑项目生命期不同阶段的数据、过程和资源，是对工程对象的完整描述，可被建设项目各参与方普遍使用。BIM 具有单一工程数据源，可解决分布式、异构工程数据之间的一致性和全局共享问题，支持建设项目生命期中动态的工程信息创建、管理和共享。BIM 一般具有以下特征[8]：

（1）建筑信息的完备性：除了对工程对象进行3D几何信息和拓扑关系的描述，还包括完整的工程信息描述，如对象名称、结构类型、建筑材料、工程性能等设计信息；施工工序、进度、成本、质量以及人力、机械、材料资源等施工信息；工程安全性能、材料耐久性能等维护信息；对象之间的工程逻辑关系等。利用全建筑信息模型，BIM 用户可以根据自己的使用权限方便地读取项目数据，修改和完善相关内容，并分享给其他有关工序使用。

（2）建筑生命周期的覆盖性：一般来说，建筑的全生命周期从方案规划开始，经历建筑设计、施工建造、设施维护，到改建拆除结束，时间跨度长达几十年甚至上百年。由于 BIM 技术围绕一个统一的工作模型，从设计到施工，再到运维，BIM 模型为全生命周期过程中的所有对接和共享建立了一个统一的交流平台，使建筑业原本相对分离的各个行业，能够在同一平台上实现协同工作效应。并且用户可以随时随地修改和查阅模型信息，所以无论建筑全生命周期的长短，BIM 技术可以应用在任一阶段，如图 1[9]所示。

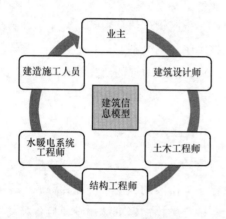

图 1　BIM 全生命周期管理

（3）建筑全过程管理的协同性：正如前面所述，在建筑设计领域，BIM 模型为不同参与方提供了一个协同合作的中转站，如图 2 所示。利用 BIM 技术覆盖建筑生命全周期的特征，这个"中转站"的作用可以扩展到建筑生

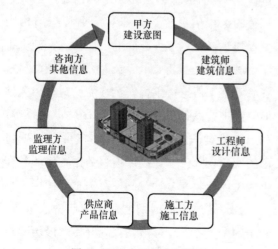

图 2　BIM 全过程协同管理

命的其他阶段，如施工建造和设施维护。在建筑生命期的不同阶段模型信息是一致的，同一信息无需重复输入。而且信息模型能够自动演化，模型对象在不同阶段可以简单地进行修改和扩展，而无需重新创建，从而减少了信息不一致的错误。

目前，BIM 技术理念下的协同模式发展迅速。要达到建筑全生命周期的全过程协同，需要建筑全行业通力合作建立建筑工程的全局意识，因此具有一定的难度。现代 IT 技术正日新月异地发展，为 BIM 的发展提供了良好的硬件、软件条件，使得协同设计、优化设计、信息集成和共享成为现实。BIM 技术和 20 年前 CAD 技术的推广普及一样，对未来的整个建筑设计业来说将会是一次彻底的信息革命。因此，随着 BIM 技术引领整个建筑业进入信息化时代，这种全局建筑观念的建立必然会成为大势所趋。针对建筑全过程的各个参与方 BIM 技术都具有显著的应用价值，并且具有显著的经济效益、社会效益和环境效益[10]，美国斯坦福大学整合设施工程中心（CIFE）根据 32 个项目总结了使用 BIM 技术的如下效果：（1）消除 40％预算外变更；（2）造价估算耗费时间缩短 80％；（3）通过发现和解决冲突，合同价格降低 10％；（4）项目工期缩短 7％，及早实现投资回报。BIM 的优异表现使之被视为是建筑业继 CAD 技术替代手工绘图后的又一次技术革新。这里主要从设施方的角度讨论其应用价值，在项目移交给业主后，BIM 模型可作为设施管理数据库的起点。BIM 可以为设施商提供一个丰富的可视化环境，搜索并访问设施管理相关数据；设施管理人员还可以将 BIM 模型和其中的数据用于项目改造、空间规划、设施维护、资产跟踪等；同时也可以用于潜在安全问题、紧急疏散、招商以及建筑性能分析等[11]。

3 基于BIM的设施管理系统设计

3.1 设施信息集成

一个建筑物全生命周期的信息具有数量庞大、类型复杂、信息源多、储存分散、动态性等特点。通常的设计流程下，同一个信息在项目中的不同阶段里，通过不同的工种设计、计算、使用，最终导致信息的冗余，简单来说就是多个文件中包含有同样的信息，而不同的仅仅是表达的方式罢了。这样的现象会导致协调合作上的误差，于是在此基础上就出现了对信息进行不断检查的需求，而这样多次的检查对工期和成本都是无益的，除此之外未被发现的错误则会因为被带入到施工中，而造成更大的影响和浪费。因此，一个全面而完整并且独一无二的建筑信息模型是必然的发展趋势。基于BIM技术的信息集成分为信息流动、可视化三维工程数据库以及集成交付。

3.1.1 信息流动

设施管理本质是建筑设施的持有者自身的管理职能，是处于企业管理环境中的。设施先通过设施战略规划将企业的战略和业务需求转换为建筑设施专业语言，它是建筑模型的需求来源。基于BIM这个信息平台，如何将建设期形成的丰富信息传递给设施，来实现设施在全寿命中的信息传递，其关键因素不是设计和施工阶段的建模准确性，而应该是在建模之前就要引入设施对信息的要求。

BIM不再是仅作为建筑设计施工行业的信息载体，它的应用贯穿于建设项目全生命周期，是建筑全生命周期的载体。基于建筑全生命周期中各个阶段的不同要求，BIM技术以虚拟现实的方式提供了一个建筑项目的整个成长过程。建筑项目的各参与者，从业主、设计方和审查部门，到施工方、产品商和设施单位，在工程不同阶段赋予这个唯一的建筑信息模型各种工程和设计信息，BIM模型为全生命周期过程中的所有对接和共享建立了一个统一的交流平台，使建筑业原本相对分离的各个行业，能够在同一平台上实现协同工作效应，如图3所示。

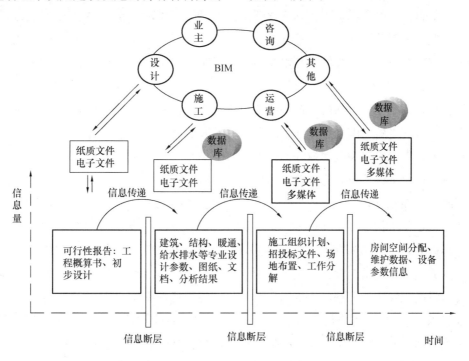

图3 基于BIM的建设工程信息流

3.1.2 可视化三维工程数据库

基于 BIM 的运维平台继承了设计、施工阶段所生成的 BIM 竣工模型，包括施工前通过工程设计参数建立设计版模型；施工阶段随着节点、专项参数的深化、不断的施工图纸变更以及现场巡视，模型也在进行跟进修改，最终形成竣工版模型，从而为设施管理提供了可视化三维工程数据库，如图 4 所示。

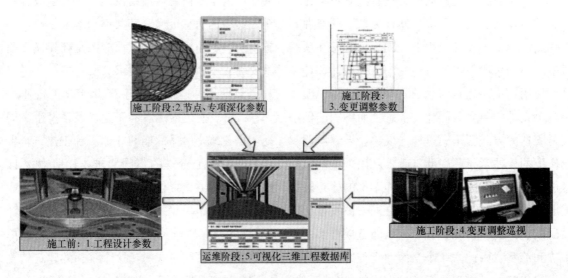

施工阶段:2.节点、专项深化参数

施工阶段: 3.变更调整参数

施工前:1.工程设计参数

运维阶段:5.可视化三维工程数据库

施工阶段:4.变更调整巡视

图 4　可视化三维工程数据库

在调试、预防和故障检修时，设施管理人员经常需要定位建筑构件（包括设备、材料和装饰等）在空间中的位置，并同时查询其检修所需要的相关信息。一般来说，现场设施管理人员依赖纸质蓝图或者其实践经验、直觉和辨别力来确定空调系统、电力、煤气以及水管等建筑设备的位置。这些设备一般在顶棚之上、墙壁里面或者地板下面等看不到的位置。从维修工程师和设备管理者的角度来看，设备的定位工作是重复的、耗费时间和劳动力的、低效的任务。在紧急情况下或外包设施管理公司接手设施管理时或者在没有设施人员在场并替换或拆除设备时，定位工作变得尤其重要。运用竣工三维 BIM 模型则可以确定机电、暖通、给水排水和强弱电等建筑设施设备在建筑物中的位置，使得设施现场定位管理成为可能，同时能够传送或显示设施管理的相关内容。此外，可视化信息/知识（如基本属性、控制信息、维修记录等）到附加组件，用户更容易理解维护状态，进行维护处理。

3.1.3 竣工模型交付

建筑作为一个系统，当完成建造过程准备投入使用时，首先需要对建筑进行必要的测试和调整，以确保它可以按照当初的设计来实施。在项目完成后的移交环节，物业管理部门需要得到的不只是常规的设计图纸、竣工图纸，还需要正确反映真实的设备、材料安装使用情况，常用件、易损件等与设施维护相关的文档和资料。可实际上这些有用的信息都被淹没在不同种类的纸质文档中，纸质的图纸是具有不可延续性和不可追溯性的，这不仅造成项目移交过程中可能出现的问题隐患，更重要的是需要物业管理部门在日后的设施过程中从头开始摸索建筑设备和设施的特性和工况。

BIM 模型能将建筑物空间信息和设备参数信息有机地整合起来，从而为业主获取完整的建筑物全局信息提供平台。通过 BIM 模型与施工过程的记录信息相关联,甚至能够实现包括隐蔽工程图像资料在内的全生命周期建筑信息集成,不仅为后续的物业管理带来便利,并且可以在未来进行翻新、改造、扩建过程中为业主及项目团队提供有效的历史信息,减少交付时间,降低风险。

3.2 基于 BIM 的设施管理模式

传统的物业管理方式,因为其管理手段、理念、工具比较单一,大量依靠各种数据表格或表单来进行管理,缺乏直观高效的对所管理对象进行查询检索的方式,数据、参数、图纸等各种信息相互割裂,此外还需要管理人员有较高的专业素养和操作经验,由此造成管理效率难以提高,管理难度增加,管理成本上升。

而随着 BIM 技术在建筑的设计、施工阶段应用日益普及,使得 BIM 技术的应用能够覆盖建筑的全生命周期成为可能。因此在建筑竣工以后通过继承设计、施工阶段所生成的 BIM 竣工模型,利用 BIM 模型优越的可视化 3D 空间展现能力,以 BIM 模型为载体,将各种零碎、分散、割裂的信息数据,以及建筑运维阶段所需的各种机电设备参数进行一体化整合的同时,进一步引入建筑的日常设备运维管理功能,这就直接导致了新的设施管理模式的出现——基于 BIM 的设施管理系统,在设备维护信息传递、获取以及使用上,都带来了新的变革,如图 5 所示。

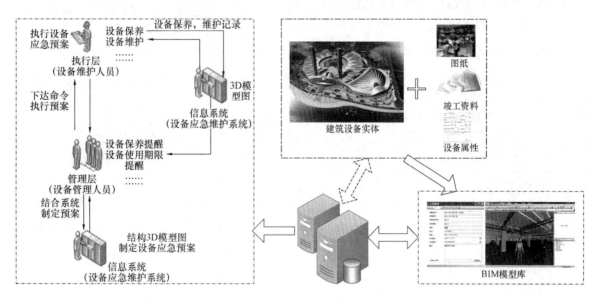

图 5 基于 BIM 的设施管理模式

在此模式中,运用 BIM 技术将纸质的竣工资料、设备属性等信息集成在 BIM 模型中,能够正确反映真实的设备、材料安装使用情况以及常用件、易损件等与设施维护相关的清单,避免有用的信息被淹没在不同种类的纸质文档中;在 3D 环境中可以实时漫游,观察维修设备的周围环境;可以实现关联查询,选择故障设备,自动查寻到其上游控制设备,显示所在位置以及当影响范围查询故障设备相关信息以便维修更换;信息系统提供中央数据库,用于管理设备设施维护数据,提供一系列的数据处理机制用于实现维护管理业务。

3.3 系统功能结构设计

为了描述系统的功能,在这里引入功能模块这个概念。所谓功能模块,是指把一个系统分解成若干个彼此具有一定独立性，同时也具有一定联系的组成部分，这些组成部分就称为功能模块。对于一个信息系统，按功能逐步自顶而下，由抽象到具体，逐层将系统分解为一个多层次的具有相对独立功能的许多模块。模块化是系统设计的必然趋势，它可以将复杂的系统简单化，将大问题分解为小问题来解决，使系统更易于实现和维护。该设施管理系统的功能模块按以下原则划分：

（1）按系统功能需求划分模块，使每个模块实现相应的功能；

（2）各功能模块相互独立，模块间的联系采用与数据库或数据文件交互的方式。

按上述原则，得到设施管理系统的功能模型树，基于 BIM 技术的设施管理系统包含设备管理、设备保养维护、应急管理、设备维修、系统管理等五个主要功能模块，如图 6 所示。

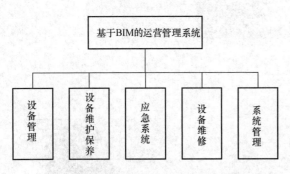

图 6　基于 BIM 的运营管理系统功能模型

基于 BIM 的设施管理模式和调研的功能需求，再对每个功能模块进行细化：

（1）设备管理：设备管理是项目所有的设备信息汇总，包括从三维模型中获取的以及运营方后期录入的设备信息。根据模型编码规则，每个设备有唯一设备编码；对设备相关图纸和文档资料进行管理；对设备分类管理，包括设备空间布局、设备专业系统分类；定义设备上下游关系，形成设备关系树结构；在 3D 模型中或设备类型树节点下可以锁定被单击的

设备模型，用户可以用复原、漫游、抓取、缩放、区域、旋转等操作模型。提高维修人员的整体认知。

（2）设备保养维护：使设备维护人员增加、修改、检索设备全生命周期维护信息，设定设备维护周期等。设备提醒又分为今日提醒、设备保养提醒、设备维护提醒以及设备使用期限提醒，对于达到设备保养或维护周期的设备，系统会自动提醒，维护人员如果需要查看一段时间内需要维护或保养的设备，可以在此模块中选择日期查询，并可导出 Excel。维护人员还可以在此模块进行设备维护保养记录的增加、查看、导出等操作。使得设备维护的更加及时，并可以帮助设备管理人员制定应急预案，提高设备维护信息有效性和效率，生成维护记录，有助于维护人员更好地了解设备运行状态。

（3）设备应急：设备管理人员结合系统中 3D 模型的设备及上游设备的查看，制定设备应急预案，并可通知下达设备维护人员执行设备应急预案。有助于识别风险隐患，对突发事件及时做出响应和处置。BIM 技术的应用可以更精确更直观地定位设备以及其上游设备的位置，从而辅助现场维护人员更加方便和准确地处理紧急事件。

（4）设备维修：实现了接报修人物的在线流转，用户可以通过选中 BIM 模型中的对应模型构件，在设备参数信息中查到相应的报修记录；自动形成月度统计报表，帮助设施管理人员了解设备运行状态，同时可以作为维修人员考核参考。

（5）系统管理：设备维护人员通过设备显示控制、建筑显示控制、标识显示控制等功能，进行模型查看和设备维护信息查看。使得设备维护人员更好地进行部分设备的查看，操作更加便捷。

4 BIM 设施管理案例分析

4.1 项目概况

为了检验基于 BIM 的设施管理模式是否能运用到实际的项目中，本文选取了某国际博览中心作为研究对象，某国际博览中心规划总占地面积 6253 亩，净用地面积 4270 亩，规划总建筑面积 503 万 m^2，建设内容包括核心区展馆、会议中心、超五星级酒店、海洋乐园及四星级酒店和周边配套住宅商业地产开发等项目。

针对该研究对象，基于 BIM 的设施管理系统应用于二期会议中心，总建筑面积为 99000m^2，设置 6000m^2 的宴会厅、1350m^2 的国际会议厅、900m^2 阶梯会议室以及 35 个中会议室、41 个接待室（兼做小会议室）。其中，大宴会厅可根据实际需要进行灵活分隔。

如今国内使用 BIM 技术并完成施工的建筑项目近千个，其中绝大多数的技术运用停留在方案设计阶段，更为便捷的出图方式和非线性的造型实现是主要目的。而另外一些项目则将技术运用推进至施工阶段，协调各工种之间的信息交流以达到整体更新，避免反复的图纸修改和现场返工以节约成本、提高效率。在此基础上，能够将 BIM 技术运用一直延续至设施管理阶段的项目则少之又少，并且因为技术和成本的限制，基本上都是基于某一个或几个关注点进行局部的针对性管理尝试，显得不够系统、完善。新技术、各种软件的快速发展使全面应用 BIM 成为可能，并且该国际博览中心作为武汉建委重点建设的大型公共建设项目，更加强调新技术的应用及后期的设施效果，因此，在二期会议中心实施阶段应用 BIM 技术以及开发相应的系统平台辅助设施管理十分必要。

4.2 系统的实施

应用 Revit 建模软件，对会议中心建筑、结构以及各专业系统（暖通、给水排水、电气、消防等）分别进行 BIM 建模，从而为设施管理提供了可视化三维工程数据库，并对设备的各专业系统进行唯一的设施编码。见图 7。

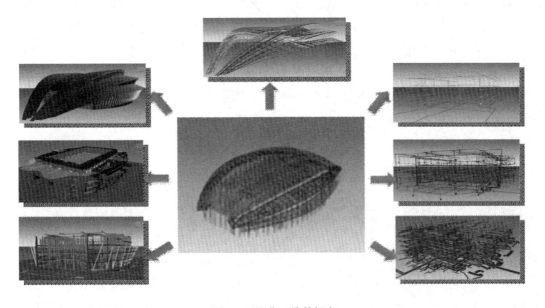

图 7 可视化三维数据库

根据基于 BIM 的设施管理模式理论基础、完整的建筑、结构、设备 BIM 模型以及通过现场需求调研得出的用户需求，开发了基于 BIM 的设施管理系统——某市国际博览中心会议中心运维平台，系统主界面如图 8 所示。

区域一为系统主菜单栏：包括设备管理、设备保养维护、设备应急、设备维修以及系统管理，选择某一功能模块，下方列出相应的子模块，点击相应的系统模块后可以进入该模块的操作界面。

图 8　某市国际博览中心会议中心运维平台系统主界面

区域二为我的工作台：分为用户信息、三维控制区域、常用功能三部分，其中用户信息显示的是登录人员、所在部门以及用户角色；三维控制区域可以通过控制是否开启小地图、是否开启外观以及楼层切换来控制区域三中三维显示的内容。

区域三为（图形区）三维视图窗口：登录系统显示的模型默认为开启小地图、开启外观、整体框架的模型显示，用户可以在区域二中三维控制区域来选择想要操作的模型，用户还可以在三维区域实现选择、移动、漫游等操作功能。

区域四为设备提醒：设备提醒分为设备维护提醒、设备保养提醒、设备使用期限提醒，每一块提醒下面会显示某一楼层、某一房间需要维护、保养或更换的设备数量。对于到期提醒模块，用户登录系统，对于即将达到设备保养周期、设备维护周期以及设备使用期限的设备进行提醒，系统会根据不同的权限设置，显示职权范围内的提醒内容。

4.2.1　设备管理

在系统的调研阶段，通过整理从建筑运维管理第一线用户处获得的需求反馈，我们发现，传统的建筑运维管理系统中对设备信息的列表显示方式，用户对其依然有强烈的应用需求。因此，在系统的维护页面中，依然将设备信息的列表搜索方式予以保留，用户依然可以通过设备名称或编号等关键词进行搜索。并且用户可以通过需要对搜索的结果进行打印，或导出 Excel 列表。同时在设备信息查询列表中，用户也可以通过选中其中的一条设备记录，三维区域会自动定位至 BIM 模型，增强三维可视化效果。

设备管理是会议中心所有的设备信息汇总，包括从三维模型中获取的以及运营方后期录入的设备信息。根据模型编码规则，每个设备有唯一设备编码；设备相关图纸和文档资料管理；对设备分类管理，包括设备空间布局、设备专业系统分类；定义设备上下游关系，形成设备关系树结构等。设备管理分为设备查看、空间分类查看、上下游管理三个子模块。见图9～图11。

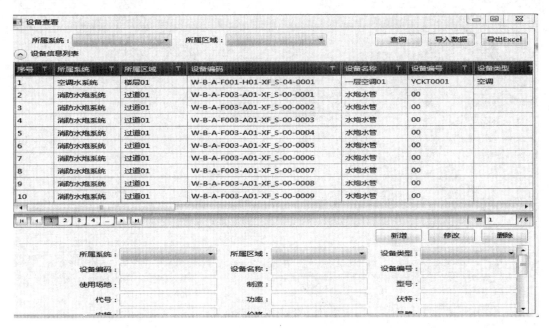

图9　设备查看子模块

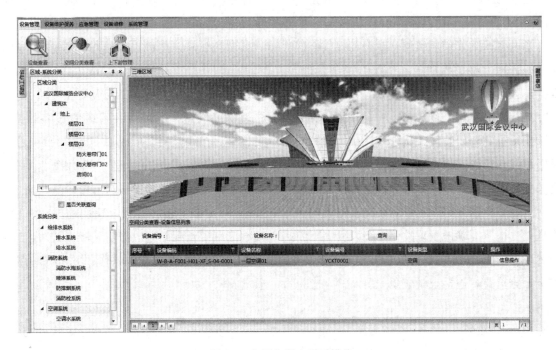

图10　空间分类查看子模块

图 11　上下游管理

4.2.2　设备保养维护

除了 BIM 模型浏览功能外，为了更大地发挥 BIM 的价值，在系统中我们将其与建筑的日常设备运维管理功能相互整合，提供了保养周期管理、维护周期管理、保养记录管理、维护记录管理等功能。

4.2.3　设备应急

在系统的调研阶段，从建筑运维管理第一线用户处获得的需求反馈得知，由于会议中心大部分设备属于隐蔽工程，当设备设施运行过程中出现紧急情况时，运维管理人员最大的困难是无法快速准确地发现故障设备及其上下游控制设备。因此，本系统提供的设备应急功能模块十分重要，包括三维应急查看及制定应急预案。

4.2.4　设备维修

在建筑的运维管理中，设备的接报修功能也是必不可少的，基于此我们也在系统中增加了设备接报修管理功能，实现了接报修人物的在线流转。

设备维修人员可以在线填写设备报修单，工程经理在线审批并指定由哪位工程人员去现场修理，修理完成后，工程人员在线填写设备修理反馈信息，由专人在线验收设备修理结果，最后在线归档，形成一个完整的设备报修流程闭环，最终设备的报修表单将作为一条记录，保存在该设备的设备台卡中，用户可以通过选中 BIM 模型中的对应模型构件，在设备参数信息中查到相应的报修记录。同时，在系统中还可以很容易查看某个月份报修的总体数量。

4.2.5　系统管理

系统管理模块的主要功能是对软件的各个子系统进行统一的操作管理和数据维护，包括设备区域分类、设备系统分类、设备类型、权限设置、主题设置、修改密码、重新登录等。

5 结论

目前 BIM 技术在建筑运维阶段的运用尚处于摸索阶段，本系统的开发研究也是一种有益的尝试与探索，从使用效果可以看出，加强在项目运营阶段的 BIM 技术应用，可以实现运营阶段的服务性管理效率提高、设备管理规划统一、物业管理准确及时的运营管理目标；解决运营阶段运营成本过大、缺乏主动性和宏观控制性的缺点等。

本文在国内外设施管理、设施管理系统以及 BIM 技术与设施管理结合应用的理论研究的基础上，结合我国设施管理面临的挑战，总结了目前我国设施管理未来的发展。并提出了基于 BIM 的设施管理新模式，研究了系统结构设计及功能结构设计。提出了基于 BIM 的设施管理系统的整体解决方案，对其组成模块：设备管理、设备保养维护、应急管理、设备维修、系统管理等进行了分析。同时，结合某市国际博览中心会议中心运维平台建设的案例，分析介绍了设施管理系统理论在运维工作中的实际应用效果，为该领域的信息化建设提供一定的指导。希望能对类似的建筑项目的 BIM 设施管理提供一定的借鉴。本文的主要结论如下：

（1）发达国家对设施管理早已成为新兴的专门行业，有大量的理论和实践研究，而我国对于设施管理理论的探索、研究却相当滞后，缺乏设施管理理念和认识，缺少适合我国国情的案例研究和执行标准。因此，加强设施管理教育与实践势在必行。

（2）BIM 技术在信息共享、集成交付、空间管理、应急维护等方面进行了很好的应用，现如今已经具备将 BIM 技术与设施管理集合开发成系统的理论基础和技术水平，因此，基于 BIM 设施管理系统的发展正面临着前所未有的机遇。

（3）通过对"某市国际博览中心会议中心运维平台"开发实例的研究和讨论，发现系统运行稳定，并已成为国博运维工作人员必不可少的工具，解决了运维管理技术上的难题，提高了运维管理效率，节省资源，降低成本，具有很大的社会、经济效益。

基于 BIM 的设施管理系统前景及社会效率良好，现阶段已应用于某市国际博览中心会议中心项目，在运用成熟的情况下，可推广到其他建设工程中，具有一定的借鉴和参考价值。

参考文献

[1] 纪博雅，戚振强，金占勇. BIM 技术在建筑运营管理中的应用研究——以北京奥运会奥运村项目为例. 北京建筑工程学院学报，2014(01).

[2] Akcamete A，Akinci B，Garrett J H. Potential Utilization of Building Information Models for Planning Maintenance Activities. Nottingham，UK，2010.

[3] 袁晓东. 机电设备安装与维护. 北京：北京理工大学出版社，2008.8.

[4] 张建平. 信息化土木工程设计：Autodesk Civil 3D. 北京：中国建筑工业出版社，2006.

[5] Sacks R，Radosavljevic M，Barak R. Requirements for building information modeling based lean production management systems for construction. Automation in Construction. 2010，19 (5SI)：641-655.

[6] AGC. (2008). The Contractor's Guide to BIM，Edition 1. The Associated General Contractors of America.

[7] Cooperative Research Centre for Construction Innovation，Adopting BIM for facilities management Solutions for managing the Sydney Opera House，2007.

[8] Cheng J，Wang H. Application and Popularizing of

BIM Technology in Project Management：2010 International Conference on E-Product E-Service and E-Entertainment（ICEEE 2010），7-9 Nov. 2010，Piscataway，NJ，USA，2010. IEEE.

［9］ 曹铭．基于 IFC 标准的建筑工程信息集成及 4D 施工管理研究．北京：清华大学土木工程系，2005.

［10］ 龙文志．建筑业应尽快推行建筑信息模型（BIM）技术．建筑技术，2011(01).

［11］ Hallberg D，Tarandi V. On the use of open bim and 4D visualisation in a predictive life cycle management system for construction works. Electronic Journal of Information Technology in Construction. 2011，16：445-466.

行业发展

Industry Development

2014～2015 年上半年中国房地产市场分析

武永祥　梁　栋　杜晓霞　韩　雪

（哈尔滨工业大学房地产研究所，哈尔滨 150006）

【摘　要】 2014 年我国房地产市场步入调整期，各地商品住宅库存量高企，对市场预期的转变进一步影响了整体新开工节奏，房地产投资增速明显下滑。在此背景下，中央政策以"稳"为主，更关注民生保障和顶层制度设计，并通过货币政策调整、户籍改革、棚户区改造等长效机制保障合理购房需求；各地方政府则灵活调整，限购、限贷手段逐步退出，行政干预趋弱，并通过信贷公积金、财政补贴多轮政策调整刺激住房需求，加快库存去化，稳定住房消费。2015 年上半年，政策面的宽松已成常态。中央政府和地方政府频频出手调整，目前已初见成效，整体楼市企稳回升势头明显。预计下半年在楼市政策面，宽松仍是主基调。而在资金方面，降准、降息的可能性仍存在，但整体经济已有企稳回升之势，降息、降准的节奏和力度也将放缓。在经济下行压力加大，楼市库存高企、市场信心不足的背景下，宏观政策层面进一步导向稳增长、调结构，房地产方面则积极聚焦于促消费，鼓励自住和改善性需求。去库存、促消费、稳增长是 2015年房地产政策的主要基调，但 2014～2015 年总体态势依然火热，房价涨幅减缓，商品房销售虽略有萎靡，但依然存在供不应求的局面。在缓中趋稳，发展态势稳中向好的新常态经济背景下，稳健货币政策的实施，一系列房地产政策利好频频出台，下半年各线城市房价下跌幅度将明显收窄，库存去化压力有望进一步缓解，资金面将谨慎乐观，商品房销售面积和金额将企稳回升，不同能级城市和企业间将进一步分化。棚户区改造、不动产登记和房产税的立法工作，农村土地制度改革及"互联网＋"概念将成为房地产市场的关注点。

【关键词】 房地产；供求；政策；调整；市场

The Analysis to China's Real Estate Market in 2014 and first half of 2015

Wu Yongxiang　Liang Dong　Du Xiaoxia　Han Xue

（Institute of Real Estate，Harbin Institute of Technology，Harbin，150006）

【Abstract】 In 2014，China's real estate market entered a period of adjustment，highing over the commercial housing inventory level. The market is expected to shift further to affect the overall new construction rhythm, declining in the growth rate of real estate investment. In this context, the central policy is "stable," which concerned about people's livelihood security and top-level system design, and by long-term mechanism protected monetary policy adjustment, household registration reform in shantytowns and other reasonable demand for the purchase. The local government has the flexibility to adjust, restrict, limit credit which means gradually withdraw the weaker administrative intervention, and stimulate demand for housing through the credit fund and several rounds of financial subsidies policy adjustments to accelerate inventory to stabilize housing consumption. In the first half of 2015, the policy side of the loose has become the norm. The central government and local governments adjust frequently shot and has achieved initial success. The overall upward trend in the property market has stabilized significantly. It is expected in the second half of the property market policy side, because it is still the main tone loose. The possibility of a rate cut is still there, but the overall economy has stabilized recovery trend, interest rates, lowering the standard of rhythm and intensity of the ring will slow down. Under the economic downward pressure on the property market, high inventory lack the market confidence in the background, and the macro policy level guide further steady growth. Structural adjustment, real estate is actively focusing on promoting consumption, encouraging self-occupied and improving demand. To promoting the consumption, steady growth is the main tone of the 2015 real estate policy, but during this year, the general trend is still hot, and the increasing of house prices slowed down. With a slight sluggish real estate sales, it still exists in short supply situation. Under the new normal economic context, of which the development trend is from slow to stabilization and good. With the implementation of prudent monetary policy and a series of favorable real estate policies, in the second half year of each tier cities, falling house prices will be significantly narrowed margin, as the pressure of inventory is expected to further ease. In the same time, the financial side will be cautiously optimistic, and the sales amount of real estate will be faced with stabilization and recovery, with the further differentiation between different levels of cities and businesses. Shantytowns, legislative work of real estate registration and property tax, reform of the rural land system and the "Internet+" concept will become the focus of the real estate market.

【Keywords】 real estate；supply and demand；policy；adjustment；market

1 新政实施解读

1.1 新政内容评述

2014年无疑是中国房地产的"拐点"。中央政策以"稳"为主，更关注民生和长效机制顶层设计，通过货币政策调整、户籍改革、棚户区改造等有效措施保障合理购房需求，稳定住房消费。地方则响应中央，一系列政策频出：限购、限贷、信贷公积金、财政补贴等。在中央地方两级均以"市场化"为主导的决策思路下，房地产市场不再依靠行政而是强调自身调节。而强改革下的户籍改革、土地改革、不动产统一登记、房地产税等长效机制建设提出，并同步推动城镇化有序发展。

2015年上半年，我国房地产市场逐步回暖，特别是二季度以来成交增长显著。在仍未完全走出阴霾的情况下，中央稳住房价，提供金融政策支持，改善市场环境，促进需求。与此同时，各地出台一系列宽松政策，以公积金政策调整为主，包括财政补贴和税费减免等掀起地方新政高潮，刺激需求。

1.1.1 中央调控，地方响应

房地产政策以中央维持、地方调整为主（图1）。在当前不同城市房地产市场分化愈加明显的背景下，地方调控也开始有差异：一线城市及部分热点二线城市继续增加供应，而其他城市保持适当增加投资投机性需求；而对于库存量比较大的城市，则通过各种方式，调整供求平衡，刺激市场需求。

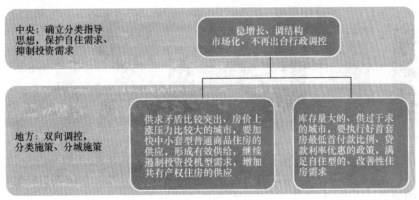

图1 房地产调控整体导向

资料来源：中国房地产动态政策设计研究组综合整理

1. 确立分类指导调控导向

2014年3月，全国两会召开，城镇化、土地制度改革、金融制度改革等与房地产市场长期发展相关的制度建设成为工作报告重点。随后国务院公布《国家新型城镇化规划（2014～2020）》，提出从五大方面进行制度改革，完善城镇化发展体制机制。5月20日，国务院批转发改委《关于2014年深化经济体制改革重点任务的意见》，再度强调深化户籍、土地

等相关制度改革，推进房产税立法工作。可以看出，本届政府改革的着力点在于处理好政府与市场的关系，推进市场化进程，通过推进财税、金融、价格等制度的改革，加快推进经济结构调整，转变发展方式，用市场手段和价格信号推动各类市场主体健康发展。10月29日，国务院总理李克强主持召开国务院常务会议，重点推进住房等六大领域消费，提出"稳定住房消费，加强保障房建设，放宽提取公积

金支付房租条件"。

2. 地方政策频繁调整

在分类调控的政策基调下,一二线热点城市调整频繁。南京市发布"宁七条",成为2014年首个收紧房地产调控的二线城市。其后,其他城市陆续收紧政策,部分二线城市也从户籍、公积金等方面加强对房地产市场的监管。6月26日,呼和浩特成为第一个正式出台文件取消限购的城市。除了对限购政策做调整外,多数城市主要选择调整信贷、公积金政策来刺激市场,也有部分城市通过户籍政策侧面刺激房地产市场需求。

1.1.2 完善制度,长效推进

1. 共有产权试点,保障安居

保障性安居工程建设规模进一步扩大(图2)。2014年新开工700万套以上,其中各类棚户

区470万套以上,年内基本建成保障房480万套。中央财政预算安排城镇保障性安居工程补助资金1980亿元,并适当向城镇保障性安居工程任务较重的资源枯竭型城市和三线企业比较集中的城市倾斜。试点REITs、PPP模式也持续推进以改善住房。2015年明确提出鼓励REITs试点,多来源增加住房租赁市场资金供给。随后,中央提出放宽提取住房公积金支付房租条件的通知,进一步加大对租赁市场的支持力度。

养老地产支持力度加大,"以房养老"取得突破。市规划委还在编制《社区养老服务设施规划设计标准》,要求社区养老服务设施要配建不少于800m²的社区养老服务用房和不少于150m²的室外活动场地,拟利用部分国有企业闲置土地建设32个养老设施、建立80处养老日间照料中心(图3)。

图2 2011~2014年保障性安居工程建设计划及实际完成情况

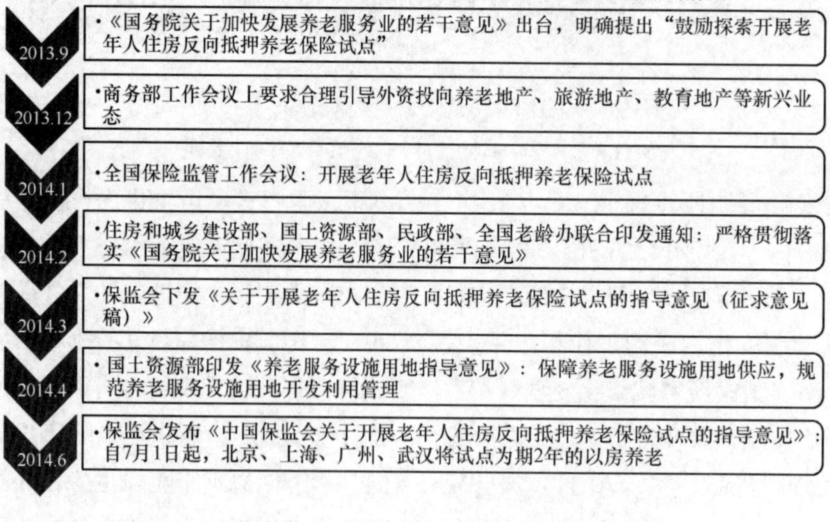

图3 "以房养老"工作推进情况

资料来源:中国房地产动态政策设计研究组综合整理

2. 不动产登记实施

不动产登记机构正式实施，已明确房屋所有权归属。2015 年不动产登记成为政府工作的一项重点，各地政府也响应中央政府的号召。2015 年 3 月 1 日，《不动产登记暂行条例》正式实施，并率先在南京、哈尔滨、厦门等 12 个城市试行，条例要求县级以上的地方政府负责登记，国土资源部门负责指导、监督。北京、四川、海南、广东、河北、辽宁、山西、河南等省市已进入不动产登记的实质性阶段（表1）。

部分省市不动产统一登记工作部署　表 1

工作部署	相关省市
明确由国土资源部门牵头负责不动产统一登记职责整合工作	北京、天津、河北、内蒙古、辽宁、吉林、黑龙江、上海、浙江、江西、山东、湖北、湖南、海南、四川、云南、陕西、甘肃、江苏、山西
正式建立不动产登记联席会议制度	河北、黑龙江、山东、湖北、江西、山西
成立不动产统一登记领导小组	北京、辽宁、黑龙江、广东、四川
印发不动产登记职责整合的文件	河北、山东、江苏
成立不动产登记局	河北、江苏

注：资料来源，中国房地产动态政策设计研究组综合整理。

3. 确权与节约并行

两会政府工作报告提出，要抓紧集体土地的确权工作。安徽、河北、南京等地纷纷出台相关意见，全面深化农村综合改革，审慎稳妥推进集体土地流转试点，加快城乡一体化发展。

首部节约集约用地规定出台。国土资源部

正式发布《节约集约利用土地规定》，并将于 2014 年 9 月 1 日起正式实施。《节约集约利用土地规定》对土地节约集约利用的制度进行了归纳和提升，上海、广州、深圳、厦门、佛山等城市也出台相关政策，加强城市土地集约利用，进一步加大土地利用计划管理力度，推动城市更新改造。

4. 放宽购房政策，各地积极跟进

首先二套房首付比例放宽。2015 年 3 月 30 日，《中国人民银行　住房城乡建设部　中国银行业监督管理委员会关于个人住房贷款政策有关问题的通知》发布，其中，针对商业贷款，提出"对拥有 1 套住房且相应购房贷款未结清的居民家庭，为改善居住条件再次申请商业性个人住房贷款购买普通自住房，最低首付款比例调整为不低于 40％"。见表 2。

2008 年以来央行房地产信贷政策调整　表 2

时间	首套房	二套房
2008	贷款利率的下限可扩大为贷款基准利率的 0.7 倍，最低首付款比例调整为 20％（10月）	已贷款购买一套住房，但人均住房面积低于当地平均水平，再购买二套可比照首套房优惠政策（12月）
2009	四大行存量房贷：2008 年 10 月 27 日前执行基准利率 0.85 倍优惠、无不良信用记录的优质客户，原则上都可以申请七折优惠利率（1月）	
2010	—	贷款利率不得低于基准利率的 1.1 倍（4月）
2011	—	贷款利率不低于基准利率的 1.1 倍（1月新国八条）
2012	落实好差别化住房信贷政策，促进房地产市场健康平稳发展（1月）	
2013	取消金融机构贷款利率 0.7 倍的下限（7月）	

续表

时间	首套房	二套房
2014	贷款利率下限为贷款基准利率的0.7倍（"9.30"新政）	对拥有1套住房并已结清相应购房贷款的家庭，为改善居住条件再次申请贷款购买普通商品住房，执行首套房贷款政策（"9.30"新政）
2015	缴存职工家庭使用住房公积金委托贷款购买首套普通自住房，最低首付款比例为20%（"3.30"新政）	对拥有1套住房且相应购房贷款未结清的居民家庭，为改善居住条件再次申请商业性个人住房贷款购买普通自住房，最低首付款比例调整为不低于40%。对拥有1套住房并已结清相应购房贷款的缴存职工家庭，为改善居住条件再次申请住房公积金委托贷款购买普通自住房，最低首付款比例为30%（"3.30"新政）

注：资料来源，中国指数研究院综合整理。

同时公积金政策也有了改善。住房和城乡建设部出台《关于发展住房公积金个人住房贷款业务的通知》等多个政策性文件，要求各地切实提高住房公积金资金的使用效率，在一定程度上能够减轻购房者压力。具体为贷款最高额度上调至120万元，首付降两成；以及二套房贷款最高额度80万元，首付三成。

各地积极跟进，广州、济南、福建等多地已将公积金首套房贷最低首付比例降至20%。福建"闽七条"、广西、北京、上海、江西、浙江等地也纷纷响应。

1.1.3 措施配套，改善需求

1. 支持首套房贷，降息降准

中央提出政策支持首套房贷、鼓励释放刚需。中央报告明确指出要继续严格执行国家房地产调控政策和差别化住房信贷政策。5月12日，中国人民银行副行长刘士余召开住房金融服务专题座谈会，针对目前存在的问题提出五点要求（"央五条"，见图4），其中再次强调"满足首套自住房贷款者需求"。随后各个银行均表示支持。

图4 "央五条"主要内容

资料来源：中国房地产动态政策设计研究组综合整理

降息降准政策提出，以稳定市场信心，推进金融市场化发展。央行年内三次降息，已是历史最低水平。其他各档次贷款及存款基准利率、个人住房公积金存贷款利率相应调整。6月28日，央行第三次降息，5年以上商业贷款利率降至5.4%，公积金贷款利率降至3.5%，本轮降准意味着适度宽松、"微刺激"发展的信号。

2. 拓宽金融渠道，机构筹建升级

推动社会资本参与公共投资。2015年上半年，棚户区改造工作取得重大进展，这有利于加快推进保障性安居工程建设。此举意义在于能有效缓解棚户区改造工程建设的资金瓶颈，另一方面是促进社会协调发展的有效手段，对扩内需、转方式、促发展具有重要意义。央行表示，仍将持续实施稳健的货币政策，继续深化金融体制改革，并贯彻定向调控要求，精准发力以支持承担棚户区改造项目的企业发行债券。

3. 推进立法

落实税收法定原则，房地产税改革时间表确定。会议表示，今明两年是财税体制改革的关键，2016 年要基本完成深化财税体制改革的重点工作和任务，2020 年各项改革基本到位，现代财政制度基本建立。房地产税成为改革重点锁定税种。

4. 户籍制度改革

户籍制度改革进入实操阶段。2015 年 2 月 15 日，中央审议通过了《关于全面深化公安改革若干重大问题的框架意见》及相关改革方案。其中关于户籍改革部分，意见提出要全面取消暂住证制度，全面实施居住证制度，建立与居住年限等相挂钩的基本公共服务提供机制。在许多城市，家庭户口与集体户口、城市户口与农村户口的区分已不再明显，并全面推行实施居住证制度。

5. 鼓励自住和改善性需求

中央着力稳定住房消费。2015 年 3 月，全国两会召开，会议在今年首次提出要盘活存量，建立房地产健康发展的长效机制。供需两端同步改善市场环境。从供应层面来看，3 月 27 日国土资源部、住房和城乡建设部联合下发了《关于优化 2015 年住房及用地供应结构促进房地产市场平稳健康发展的通知》，提出有供、有限，因地制宜确定住房用地规模，保证市场供需平衡。对于住房供应明显偏多的市、县减少住宅用地供应，控制、优化住房用地规模及结构，加快库存去化。从需求层面来看，3 月 27 日财政部、国家税务总局发布通知，提出个人购买 2 年以上（含 2 年）的普通住房对外销售的，免征营业税，免征期限由 5 年下调为 2 年，进一步加快二手房流通速度，活跃市场。同时住房和城乡建设部也表示要

"拓宽保障房源渠道，注意通过市场筹集房源作为保障房"。对于部分高库存城市而言，可进一步去化市场库存。

6. 存贷比红线将取消，建立金融宽松化环境

1.1.4　限购退出，限贷放宽

1. 各地相继放松限购

各地限购放开步伐加快，或定向或全面取消限购。目前 47 个限购城市中已有 42 个做出调整。同时限购放松力度也逐渐加大，限购政策由局部调整转向全面放开。见表 3。

各城市限购政策调整　　　　表 3

调整类型		城　　市
坚持限购（5 个）		北京、上海、广州、深圳、三亚
官方正式宣布全面取消（29 个）	全面取消	呼和浩特、济南、海口、温州、徐州、绍兴、合肥、太原、长沙、石家庄、郑州、哈尔滨、昆明、银川、贵阳、南京、西宁、兰州、福州、沈阳、金华、台州
	首轮放松，随后取消	武汉、苏州、西安、无锡、杭州、宁波、青岛
官方正式宣布定向放松（4 个）		南宁、佛山、厦门、珠海
默认放宽城市（9 个）		大连、天津、长春、南昌、成都、乌鲁木齐、舟山、衢州、永康

注：资料来源，中国房地产动态政策设计研究组综合整理。

2. 央行放宽限贷

2014 年 9 月 30 日，央行发布《中国人民

银行 中国银行业监督管理委员会关于进一步做好住房金融服务工作的通知》（后称《通知》），对个人住房贷款需求的支持力度大幅提升。《通知》对首套房再启用"认贷不认房"的界定标准，贷款利率下限也重回 2009 年水平，此前被抑制的首次改善需求将迎来购房成本尤其是首付比例的大幅降低。同时《通知》还表示支持当地银行业金融机构把握好各类住房信贷政策的尺度，促进当地房地产市场持续健康发展。见图 5。

加大对保障性安居工程建设的金融支持
- 积极支持符合信贷条件的棚户区改造和保障房建设项目，对公共租赁住房和棚房区改造的贷款期限可延长至不超过25年

积极支持居民家庭合理的住房贷款需求
- 首套：贷款最低首付比例为30%；贷款利率下限为基准利率的0.7倍。
- 二套：已结清相应购房贷款的家庭，执行首套房贷款政策。
- 三套及以上：已取消或未实施"限购"措施的城市，已结清相应购房贷款的家庭，应根据借款人偿付能力、信用状况等因素审慎把握并确定首付比例和贷款利率。
  其他：银行业金融机构可根据当地城镇化发展规划，向符合政策条件的非本地居民发放住房贷款

增强金融机构个人住房贷款投放能力
- 鼓励银行业金融机构通过发行住房抵押贷款支持证券（MBS）、发行期限较长的专项金融债券等多种措施筹集资金，专门用于增加首套普通自住房和改善型普通自住房贷款投放

继续支持房地产开发企业的合理融资需求
- 扩大市场化融资渠道，支持符合条件的房地产企业在银行间债券市场发行债务融资工具。积极稳妥开展房地产投资信托基金(REITs)试点

图 5 央行信贷新政策主要内容

资料来源：中国房地产动态政策设计研究组综合整理

3. 地方更重信贷支持

福建、湖南、江西等省陆续出台文件促进房地产市场平稳健康发展。从内容来看，除明确放松限购外，重点涉及信贷调整、保障房建设、财税支持等内容。部分重点城市在调整限购的同时，利用信贷、财政补贴、免征契税等多种手段刺激市场需求。绍兴、青岛降低首套房认定标准，沈阳、南昌等城市降低二套房贷首付比例。同时，多地放松公积金使用条件，提高公积金贷款额度，加大公积金利用率以盘活存量，强调优先满足公积金缴存职工首次利用公积金贷款的购房需求。见表 4。

各省市放松信贷等金融政策主要内容　　表 4

信贷相关政策调整	省、市	目的
认贷不认房	省：福建 市：绍兴、青岛	扩大首套购房人群，减轻购房者负担，鼓励自住性需求
降低二套房首付	省：福建 市：绍兴、沈阳、南昌	
降低贷款利率	省：福建、湖北 市：绍兴	
财政补贴	省：四川 市：杭州	
契税减免	省：江西 市：龙岩、包头	
降低公积金门槛、提升贷款额度、调整首付比例、异地取用	大连、沈阳、深圳、厦门、龙岩、福州、青岛、无锡、成都、贵阳	

注：资料来源，中国房地产动态政策设计研究组综合整理。

1.1.5 一体化推进，长效落实

1. 京津粤自贸区正式挂牌

2015 年 4 月 21 日，中国（广东）自由贸易试验区、中国（天津）自由贸易试验区、中国（福建）自由贸易试验区同步挂牌，我国自贸区正式进入建设的"2.0"时代。4 月 27 日，深圳前海蛇口自贸区正式挂牌成立，该自贸区投资规模达到 1035 亿元的 20 个重大项目正在集中开工。5 月 8 日，海关总署结合海关深化改革和工作实际，分别出台了海关支持粤津闽新设自贸试验区建设发展的三个《海关支持措施》，从服务自贸试验区改革需求以及实施海关监管制度创新和海关安全高效监管等方面针对三个新设自贸试验区分别拟定了五方面 25 条支持措施。

2015 年 4 月 5 日，国务院批复同意《长江中游城市群发展规划》（后称《规划》），为探索新型城镇化道路、促进区域一体化奠定了基础。《规划》立足位于长江中游城市群发展实际，明确提出推进长江中游城市群发展的指导思想和基本原则，旨在打造中国经济发展新增长极、中西部新型城镇化先行区、内陆开放合作示范区。同时《规划》提出主要目标到 2020 年人均地区生产总值要达到 7500 元，常住人口城镇化率达到 60%。

2. "一带一路"纲领出台，构建新格局

2015 年 2 月 1 日推进"一带一路"建设工作会议在北京召开，安排部署 2015 年及以后一段时期推进"一带一路"建设的重大事项和重点工作。3 月 28 日，国家发展改革委、外交部、商务部 28 日联合发布了《推动共建丝绸之路经济带和 21 世纪海上丝绸之路的愿景与行动》，涉及 18 个省，并提及要发挥港澳台地区在"一带一路"的作用。辽宁、河南、重庆等地也开始积极接洽，多地联动发展，"一带一路"战略初见成效。

3. 新型城镇化推进，试点进入实操阶段

2015 年 1 月 9 日国家发改委等 11 部委联合印发《国家新型城镇化综合试点方案》，明确了新型城镇化的五大任务，安徽、江苏两省和宁波等 62 个城市（镇）及 2 个建制镇被列为国家新型城镇化综合试点地区。14 日，我国城市群规划正式进入编制阶段，初步从重点培育国家新型城镇化政策作用的角度出发，确定打造 20 个城市群。重庆两会中提出，提升区县城基础设施支撑能力和公共服务水平，打造一批特色中心镇。开展国家新型城镇化综合试点。陕西、贵州、内蒙古等地也陆续开始落实新型城镇化规划，并开始有序推进相关工作。

1.2 新政调控效果

1.2.1 量价同比下降，投资明显趋缓

1. 受高基数及市场预期影响，商品房销售同比持续下降

2014 年前三季度，全国商品房销售面积 7.71 亿 m^2，降幅较上半年扩大 2.6 个百分点至 8.6%，商品房销售额 4.92 万亿元，降幅较上半年扩大 2.2 个百分点至 8.9%。其中，住宅销售面积为 6.77 亿 m^2，住宅销售面积下降 10.3%，销售额 4.05 万亿元，同比下降 10.8%。由于上年高基数影响，另一方面经济涨幅逐渐减小，多个城市取消限购，但供求关系尚未真正扭转。

2. 新开工面积同比仍然下滑，但降幅继续收窄

2014 年以来，全国商品房和商品住宅新开工面积同比均在下降，前三季度全国商品房新开工面积为 13.14 亿 m^2，同比下降 9.3%，降幅比上半年收窄 7.1 个百分点；住宅新开工面积为 9.18 亿 m^2，同比下降 13.5%，降幅比上半年收窄 6.3 个百分点。前三季度商品房销售开工比为 0.59，较上半年（0.60）仍在下降。见图 6。

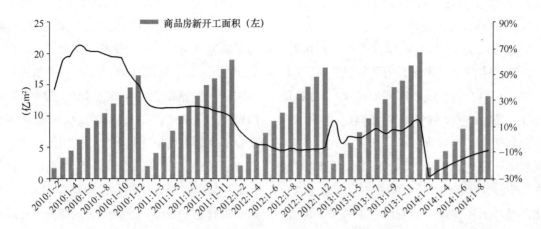

图 6　2010 年至今全国房屋新开工面积
资料来源：CREIS 中指数据、http://fdc.fang.com

3. 房地产开发投资额同比增速明显趋缓，增幅为近年低值

2014～2015 年上半年以来，地产投资不断上涨但越来越慢。1～9 月，全国房地产开发投资额 6.9 万亿元，增幅较上半年继续收窄 1.6 个百分点至 12.5％。其中，商品住宅开发投资额 4.7 万亿元，增速较上半年回落 2.5 个百分点至 11.3％。相较于 2013 年全年接近 20％的投资增速，2014 年的涨幅为自 2006 年以来最低。

4. 百城价格指数环比跌幅扩大

根据调查，2014～2015 年上半年市场量价开始下降，多采取谨慎观望的态度，导致百城价格指数于 5 月首次出现环比下跌后降幅不断扩大。由于负债加重，库存增加，企业不断促销，导致价格更低。具体来看，9 月百城住宅均价环比下跌 0.92％，同比涨幅持续收窄至 1.12％，与 1 月的 11.10％相差近 10 个百分点。

1.2.2　限购效果呈现，难以扭转大局

1. 部分城市短期需求爆发，但持续性不强

从图 7 来观察，政策放宽后的 1～2 月内商品住宅成交量均有明显增加，但随后又恢复至调整前状态。可以看出这种政策并不能真正改善当前问题，难以扭转当前市场的整体低迷态势。

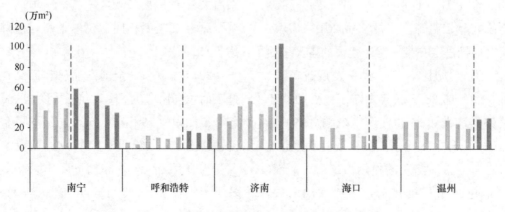

图 7　2014 年放松限购代表城市销售面积走势
资料来源：CREIS 中指数据、fdc.fang.com

2. 部分城市限购定向放宽后全面取消，短期成交量有所回升

重点二线城市（青岛、成都、天津、南京、宁波、厦门、南昌、武汉、福州、苏州、长沙、呼和浩特、舟山、杭州）首轮放宽限购采取定向放松的方式。但从效果来看，成交未见改善，只是下降的更慢。8月以来，成交量接近600万m²，同比增长20%。虽然这对下述城市有明显的作用，但长期难以维持高位。9月成交量仍在增长，但涨幅已明显趋缓，7城市共成交649万m²，同比增长14%。

3. 部分城市出清周期下降，但多数城市仍有较大库存压力

尽管绝大多数城市已放宽限购，天津、南京、宁波、长沙等二线城市可售面积仍然较大。呼和浩特三季度末出清周期较上半年大幅下降，但从绝对值来看仍接近10年。武汉、青岛、杭州、宁波、舟山等城市虽表现出一定好转，但幅度相对较小，且由于政策出台时限较短，长期需求能否持续仍待观察。

4. 放松限购后城市累计销供比仍处低迷

2014～2015年上半年全国市场普遍低迷，企业库存居高不下，且房价并未达到合理水平。即使绝大多数城市已放开限购，但供给仍然大于需求。从具体城市来看，呼和浩特的年内累计销供比为0.4，南京、杭州、海口销供比也仅为0.7。

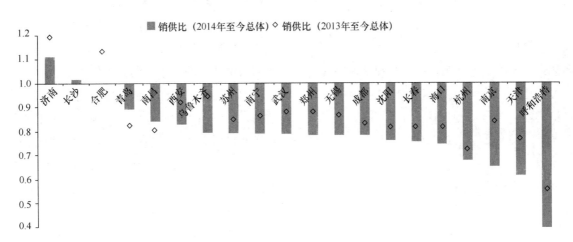

图8　2014年部分城市总体销供比情况

资料来源：CREIS中指数据、http://fdc.fang.com

1.2.3 企业销售走低，拿地更趋谨慎

1. 多数品牌房地产企业销售不达预期，年内完成目标难度较大

20家品牌房地产企业销售目标完成率平均值为65%（去年同期76%）。其中仅4家房地产企业目标完成率超70%，多数房地产企业维持在60%～70%之间。具体企业来看，恒大1～9月目标完成率高达89%，为各房地产企业最高，绿城中国为80%，仅次于恒大，中海、万科目标完成率分别为76%和75%。金地、首创等房地产企业目标完成率仅50%左右，年底完成业绩目标几乎无可能。

2. 品牌房地产企业纷纷放缓拿地步伐，逐渐聚焦一线城市

目前多数房地产企业资金流转较紧，在房地产市场普遍不景气的情况下，拿地政策更趋谨慎，且房地产企业大多拥有较丰厚的土地资源，足够一时之用，不急于一时，以免导致损失。1~9 月拿地金额同比降幅在 50% 以上，其中以雅居乐降幅最为明显，同比下降 95%，仅在 2 月份于长沙拿地一宗。从 1~9 月企业拿地布局来看，一线占比 39.0%，较去年全年提升 5.9 个百分点，而二线城市占比跌破50%，三四线城市占比下降 4 个百分点至12.0%。一线城市由于其自然的人文原因，依旧是房地产企业投资的重点。二线城市中环渤海、珠三角继续为投资热点区域。三四线城市情况则不容乐观，土地投资节奏将持续放缓。

3. 各类城市土地市场持续降温、分化加剧

2014~2015 年上半年以来各类城市土地市场分化继续。一线城市住宅土地成交下降16%，较二三线城市少 10 个百分点。房企拿地集中于一线城市优质地块，带动土地出让金同比增幅接近 30%，但整体下降的态势依旧。多数企业溢价拿地减少，更趋合理拿地以规避风险。总体而言房地产销售增速放缓，更加平稳。

1.3 小结

由于房价高的态势仍然存在，中央政府转变政策，对待房地产的态度已经从"强调调控"转为"建立长效机制"，对于现有的财税、土地、金融都会有所改革。尽管这种手段并未有明文规定，也未见得成熟，但这是对于房地产市场发展更加平稳健康的设想。而建立起长效机制，就目前的情形来看，尤其对于一线拿地较热的城市，或者是三四线被冷落的城市，这种政策都是必需的。

2 近期市场表现

2.1 政策环境

2014~2015 年上半年，在经济负债增加、楼市低落的背景下，稳定增长是调节地产市场的主要手段。去除多余废房、促进投资是2015 年房地产政策的主要基调，未来货币政策仍有望趋于宽松，地方或可因城施策出台进一步刺激措施。

2.1.1 货币政策逐步宽松

此轮降准降息是央行的主要调节手段，目的在于刺激投资，加大居民购房力度。居民第二套房首付款下降，而对于已经拥有了一套住房，但之前欠款未结算清楚的居民，为自身利益而申请第二套房的，最低首付款比例调整为不低于 40%。

公积金政策重新调整，刺激消费者购房，明确提出要提高公积金的使用效率，降低门槛，增加贷款额度，用好用足公积金。

2.1.2 从需求供给调整库存

需求层面：个人将购买 2 年以上（含 2年）的普通住房对外销售的，免征营业税，免征期限由此前的 5 年下调为 2 年。

供应层面：控制土地供应，优化住房用地结构，供应端缓解库存压力。规定对于土地开发量明显增大的，或超过规定范围内比例的省市县，应当自觉停止或延缓土地开发及供应，以确保土地的开发平衡，供求关系的平衡。

2.1.3 城镇化住房制度落实

不动产登记条例正式推行，明确权属盘清房地产行业基底。2015 年 3 月 1 日，《不动产登记暂行条例》正式实施，并率先在南京、哈尔滨、厦门等 12 个城市试行。

深化农村土地改革，落实户籍改革制度。文件要求强调全面深化农村土地改革，推动统一的城乡建设用地市场建立，引导农村产权流转交易市场健康发展。同时全国 33 个县级改革单位开始试点，稳步推进农村土地制度改革。

新型试点落到江苏、宁波等 62 个地区，要求完善区域一体化，实现土地改革新局面，进一步扩大城乡建设用地的市场建立，引导健

康的土地发展。

2.1.4 完善保障房机制

（1）创新提出"住宅金融专项债券"，为保障房建设提供专门的资金，筹备新一步升级。

（2）保障安居工程持续推进。2015年新开工 700 万套以上，其中各类棚户区 470 万套以上，在 2014 年实际开工的 323 万套基础上大幅提升。并强调政策重点在于扩大保障性住房比例。

（3）进一步强调以房养老。

（4）依法利用集体建设用地，坚决遏制小产权房。国土资源部办公厅、住房和城乡建设部办公厅于 2014 年 11 月 22 日联合发布《关于坚决遏制违法建设、销售"小产权房"的紧急通知》。

2.2 新房市场表现

百城住宅均价连续 23 个月环比上涨，2014 年 5 月首次下跌。

2.2.1 价格

（1）百城价格在经历连续 8 个月下跌后，于 2015 年 1 月止跌，环比上涨 0.21%；2 月受春节假期影响，供给和需求没有什么变化，环比下跌 0.24%；3 月两会积极表态稳定房地产消费，针对住房市场的多轮政策密集出台，楼市整体环境向好，百城住宅价格环比跌幅收窄 0.09%～0.15%。但同比自 2014 年 10 月以来持续下跌且跌幅扩大，3 月为连续第 6 个月下跌，跌幅扩大至 4.35%。

（2）与百城整体微跌的情况不同，2015 年一季度十大城市住宅均价累计上涨 0.32%，武汉、深圳、上海、北京 4 个城市累计上涨。具体月份来看，十大城市住宅均价 1 月上涨 0.59%；2 月由涨转跌，跌幅为 0.17%；3 月跌幅收窄 0.07 个百分点至 0.1%。

2.2.2 需求

2014 年下半年开始，先后有放松限购限贷、降息、降准、降低贷款首付、放松公积金政策等手段，让房地产市场开始回暖，2014 年 12 月代表城市成交达到 3432 万 m² 的历史单月成交高点。2015 年一季度，尽管 1～2 月有所减低，但 3 月成交回升，和 2014 年有所相像，代表城市月均成交接近 2100 万 m²，同比增长 2.6%，绝对量仅次于 2013 年同期水平。具体来看，1～2 月代表城市月均成交 1950 万 m²，同比增长 0.7%。3 月，连续的降准降息改善市场预期，市场成交较前两个月明显好转，据初步统计代表城市成交超过 2300 万 m²，同比增长 5.9%。见图 9。

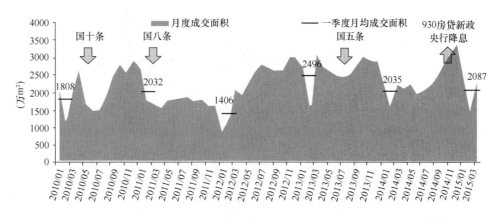

图 9　2010 年以来第一季度不同城市住宅成交量与历年同期对比

数据来源：CREIS 中指数据

2.2.3 供给

一季度供应同比仅小幅增长，但3月的例外。2015年一季度，20个代表城市月均新批上市面积不到1100万 m^2，同比小幅增长3.8%。具体来看，1~2月，20个代表城市月均新增供应1058万 m^2，同比增长38.2%，其中2月新增供应811万 m^2，为历年同期最高。3月新增供应不到1000万 m^2，尽管环比增长14.3%，但同比降幅超过30%。

2.2.4 库存及供销比

2014~2015年上半年，供给小于需求，销供比较去年同期回升，20个代表城市成交量同比增长6.5%，供应量同比增长3.8%，销供比为1.1，较去年同期小幅增长0.03。其中，一季度上海、武汉、苏州的销供比均回升至1以上，而杭州、天津销供比虽然不到1，但是较去年同期有所增长，分别为0.84和0.93。此外，成都住宅成交较去年同期下降16%，导致销供比较去年同期下降0.1~0.69，市场供过于求态势加剧。

2015年3月成交回暖，市场库存压力有所缓解。据初步统计，截至2014年3月底，20个代表城市可售面积为17348万 m^2，环比

下降1.8%，较2015年1月的高点回落3.7%，但是从绝对量来看，库存仍位于历史较高水平。出清周期方面，2014年四季度以来，出清周期逐月回落，2015年2月虽然呈现季节性反弹，但是截至3月末，代表城市出清周期缩短至14.0个月，较2014年9月的小高峰缩短4.2个月。

2.2.5 全国总体情况

1. 需求：商品房各项销售指标同比持续走低，于2015年2月达到两年来最低值

2015年1~4月，商品房销售面积26385万 m^2，同比下降4.8%，降幅比1~3月份收窄4.4个百分点。其中，住宅销售面积下降5.0%，办公楼销售面积下降13.6%，商业营业用房销售面积增长5.2%。商品房销售额17739亿元，下降3.1%，降幅比1~3月份收窄6.2个百分点。其中，住宅销售额下降2.2%，办公楼销售额下降13.3%，商业营业用房销售额增长0.1%。见图10。

2. 供应：2015年上半年我国房地产企业投资信心不足，投资增速创历史新低

2015年1~4月，全国房地产开发投资23669亿元，同比名义增长6.0%，增速比

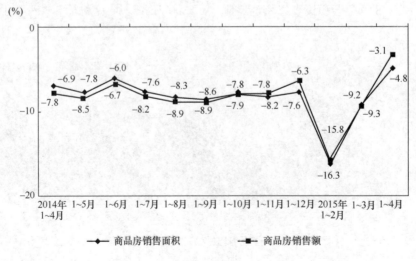

图10 全国住宅销售面积及销售额增速

数据来源：国家统计局

1～3 月份回落 2.5 个百分点。其中，住宅投资 15870 亿元，增长 3.7%，增速回落 2.2 个百分点。住宅投资占房地产开发投资的比重为 67.1%。见图 11。

2014～2015 年上半年我国房地产土地开发量减缓，直接导致施工速度及规模减低，竣工规模也明显下降。

3. 供求对比：销售新开工比、销售投资

比较去年四季度明显回落

销售新开工比较 2013 年明显回落，供过于求态势依然持续。2015 年 1～2 月，全国商品房新开工面积和销售面积差额为 4980 万 m²，销售新开工比为 0.64，季节因素影响销售新开工比较 2014 年四季度的 0.90 明显回落，与 2014 年同期的 0.63 基本持平，供过于求态势依然持续。

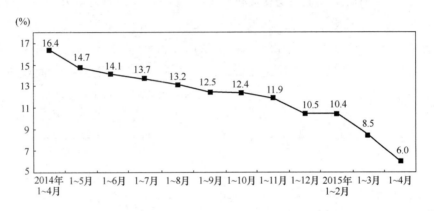

图 11　全国房地产开发投资额增速

数据来源：国家统计局

2.3　二手房市场表现

2014 年下半年至今，我国二手房市场价格领先上涨，但同比有所回落，跌幅持续扩大。

2.3.1　价格

2015 年一季度十大城市二手住宅均价累计上涨 0.12%。涨幅较上季度缩小 0.36%，较去年同期缩小 2.25 个百分点。从各月环比来看，1 月价格环比下跌 0.53%，均价为 26169 元/m²；2 月价格由跌转涨，涨幅为 0.18%，均价为 26215 元/m²；3 月环比上涨 0.48%，均价为 26340 元/m²，涨幅较上月扩大 0.3 个百分点。同比来看，十大城市二手住宅均价自去年 11 月以来连续 5 个月同比下跌且跌幅持续扩大，今年 1、2 月同比跌幅分别为 2.41%、2.84%，3 月扩大至 3.22%。

2.3.2　成交

2014～2015 年上半年成交量略微好于 2013～2004 年同期。2015 年一季度十大城市二手住宅累计成交 18.85 万套，同比增长 17.59%，远低于 2013 年同期水平（34.18 万套）。具体来看，2015 年 1 月成交 7.45 万套，同比增长 30.12%。受季节性因素影响，2 月成交 4.75 万套，环比 1 月显著下降，但同比增长 22.42%。3 月二手住宅成交量有所回升，共成交 6.65 万套，同比小幅增 3.49%。其中 1 月 7.45 万套的成交量为一季度单月最高。

2.4　土地

2014 年下半年至今，整体的土地需求有较大下降，导致整体土地价格减低严重，商业土地价格创新高。

2.4.1　土地价格

2014～2015 年一季度，由于土地需求的下降导致整体楼价下跌。全国 300 个城市各类用地楼面均价为 1240 元/m²，同比下跌 6.1%，较去年四季度下跌 7.0%。其中住宅用地楼面均价为 1809 元/m²，同比微涨 0.7%；商办用地为 1782 元/m²，同比上涨 1.8%，为 2010 年以来单季度最高水平。分月度来看，2015 年 1～2 月各类用地成交楼面价与去年同期基本持平；3 月由于工业及其他用地成交占比提高，成交结构影响各类用地整体楼面价同比下跌 15.6%，但商办用地楼面价同比大涨 45.4%。总体来看，由于去年这一阶段的楼市价格较高，导致基数大，虽然今年这一阶段有所下降，但仍然保持较高的价格。

2.4.2　土地成交

2015 年 1～4 月，房地产开发企业房屋施工面积 599580 万 m²，同比增长 6.2%，增速比 1～3 月份回落 0.6 个百分点。其中，住宅施工面积 418479 万 m²，增长 3.2%。房屋新开工面积 35756 万 m²，下降 17.3%，降幅收窄 1.1 个百分点。其中，住宅新开工面积 25081 万 m²，下降 19.6%。房屋竣工面积 21210 万 m²，下降 10.5%，降幅扩大 2.3 个百分点。其中，住宅竣工面积 15527 万 m²，下降 13.2%。见图 12。

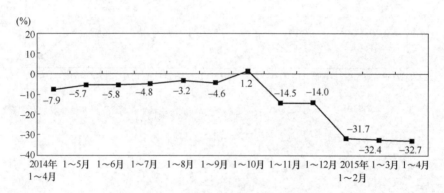

图 12　全国房地产土地购置面积增速

数据来源：国家统计局

2.4.3　土地供应

2015 年一季度各类土地总推出量同比明显下降，住宅、商办用地降幅均超过 35%。2015 年一季度，全国 300 个城市共推出各类用地 4.1 亿 m²，同比下降 35.6%，较去年四季度下降 41.6%。其中，住宅用地推出 1.9 亿 m²，同比下降 42.7%，同比降幅为 2010 以来单季度最大；商办用地推出 7218 万 m²，同比下降 38.0%。对比往年同期土地推出面积来看，2015 年一季度住宅月均推出面积为 6367 万 m²，为 2010 年以来最低；商办月均推出 2406 万 m²，也处于历史较低水平。分月度来看，1 月各类土地推出量同比降幅接近 4

成；2 月，受到春节假期的影响各类用地推出量同比降幅扩大至 46%，其中住宅及商办用地降幅达到 5 成；3 月各类土地推出量降幅有所收窄。总体来看，一季度全国 300 城市土地供应依旧处于较低水平。

2.4.4　土地出让金

至 2014 年下半年起，出让金或出现负增长，地方压力增大。一季度全国 300 城市土地成交量继续探底，且降幅超过土地推出量，市场需求进一步萎缩。目前，库存去化仍是楼市主题，加之房地产企业经营压力依然较大，使得房地产企业拿地策略依旧保持谨慎，土地市场需求热度仍较低。

2.5　企业反应

2014～2015 上半年，多数地产企业销售额下降，直接导致企业对于土地的态度更加消极，尽可能较少较小潜力用地的获取。虽然大多数企业利润下降，但有少数企业出现逆势增长。

2.5.1　销售业绩

2014～2015 年一季度，10 家代表性品牌房企销售额为 1610 亿元，同比下跌 18.7%；销售面积 1602 万 m²，同比下降 16.9%。10 家代表性企业为：万科、保利、恒大、碧桂园、世贸、富力、融创、雅乐居、首创、越秀。

2.5.2　资金状况

2014～2015 上半年受地产市场整体衰败影响，多数上市房企速动比率持续下降，短期偿债能力趋弱。2014 年速动比率均值为 0.56，较 2013 年下降 0.05。其中速动比高于正常值 1.0 的房地产企业仅 12 家，而低于 0.5 的房地产企业高达 55 家。招保万金龙头房地产企业速动比率更低，2014 年均值仅为 0.48，另外世茂、华夏幸福等龙头房地产企业速动比均低于 0.4，高负债和慢回款导致多数企业短期偿债压力上升。

由于央行的一系列财政政策，大多数房地产企业改善了其内部结构，优化融资模式，使得原本较差的偿债能力得到了提升，销售额得到了显著提高。加之其自身信誉及信用资质，部分企业得到了较多银行资金支持，使其在接下来的竞争中将更有优势。2015 年 4 月 3 日，央行公告允许信贷资产证券（CLO）实行"注册制"，信贷资产证券化缓解银行资产质量压力，银行体系不良贷款压力将减轻，同时也提升银行的放贷意愿。

为了缓解地产行业的回落，国企地产将融资方式拓展向海外，学习海外房地产企业的风险意识。而随着人民币相对升值，海外房地产融资压力上升，在 2015 年下半年，预计海外的热潮将有所降低，而依然有积极性较高的企业，他们以海外融资为特色，如碧桂园、世茂等。

2.6　小结

近期来看，房地产政策依然坚持从紧取向，各项抑制投资投机性行为的措施进一步得到细化落实，保障房的建设机制得到持续完善。尽管如此，2014～2015 年的房地产市场依然火热，新房房价开始连续上涨，土地成交量持续回升，商品住宅面积比过去两年略低，出现供不应求，因此库存高位盘整，出清周期大幅缩短。但从 2015 年起，土地出让金不断下跌并造成地方压力，商品房销售面积及销售额均出现下降，成交量下降，地产市场略有萎靡，需求仍然较低。

3　未来发展趋势

3.1　政策趋势

3.1.1　经济环境

中国经济在 2014 年逐步适应了从高速增长换挡到中低速，经济发展进入新常态。2014 年经济增长目标基本实现，GDP 实现 63.65 万亿元，增长 7.4%，符合年初增长 7.5% 左右的目标，但仍面临下行压力。需求方面，消费、投资和净出口增速都有不同程度下降，其中以房地产开发投资增速下滑情况较为严重。供给方面，规模以上工业增加值延续回落趋势，全年累计同比增长 8.3%，增速同比回落 1.4 个百分点。由工业用电量增速、铁路货运量增速和银行中长期贷款增速合成的指数整体回落，全年累计同比 5.83%，增速同比回落 1.9 个百分点。

2015 年经济运行总体趋势缓中趋稳，发展态势稳中向好。2015 年上半年，GDP 同比增长 7%，其中，二季度增长 7%，与一季度基本持平，实现稳增长；全国城镇新增就业 718 万人，完成全年目标的 71.8%，31 个大城市城镇调查失业率稳定在 5.1% 左右，实现稳就业；居民消费价格同比上涨 1.3%，涨幅与一季度基本持平，实现稳价格；夏粮产量达到 2821 亿斤，比上年增产 89 亿斤，增长 3.3%，实现稳农业；全国居民人均可支配收入同比增长 9%，考虑价格因素，实际增长 7.6%，比经济增速高 0.6 个百分点，实现稳收入。同时在一系列稳增长、调结构、促改革、惠民生、防风险政策措施的推动下，主要经济指标逐月企稳回升，经济结构和经济运行质量也趋好。2015 年 4、5、6 月份，规模以上工业增加值同比分别增长 5.9%、6.1% 和 6.8%，增速分别比上月增加 0.3、0.2 和 0.7 个百分点。2015 年上半年，固定资产投资（不含农户）同比增长 11.4%，增速与 1～5 月份持平，终止了持续回落的趋势。5、6 月份，社会消费品零售总额同比分别实现 10.2% 和 10.6% 的增长，分别比上月提高 0.3 和 0.4 个百分点。6 月份，出口总额同比增速由负转正，增长 2.1%。其次，"大众创业、万众创新"发挥良好作用，上半年，全国新登记注册企业同比增长 19.4%，注册资本增长 43%。非公有制经济活力得以有序释放。

李克强总理在 2015 年政府工作报告中指出，今年经济社会发展的主要预期目标是：国内生产总值增长 7% 左右，居民消费价格涨幅 3% 左右，城镇新增就业 1000 万人以上，城镇登记失业率 4.5% 以内，进出口增长 6% 左右，国际收支基本平衡，居民收入增长与经济发展同步。能耗强度下降 3.1% 以上，主要污染物排放继续减少。这一预期值主要是基于 2015 年中国外部需求难以显著提升、国内消费总体平稳、制造业产能过剩及创新技术相对不足、

房地产库存较高、基础设施投融资体制不健全等因素的考量。经济发展难以长期维持高速增长，投资回报率不断降低。

3.1.2 货币政策

2015 年上半年，中国人民银行 2 次普遍降准，3 次定向降准，3 次下调人民币存贷款基准利率，力求保持流动性充裕，为经济发展提供成本较低的资金来源。稳健货币政策的实施，为经济发展营造了良好的货币金融环境，信贷和社会融资实现平稳增长，贷款结构持续改善，市场利率显著回落，汇率弹性明显增强。2015 年 3 月末，广义货币供应量 M2 余额同比增长 11.6%。人民币贷款余额同比增长 14.0%，同比多增加 6018 亿元。社会融资规模存量同比增长 12.9%。3 月份非金融机构及其他部门贷款平均利率为 6.56%，同比回落 0.62 个百分点。

中国人民银行 2015 年 8 月 8 日发布《2015 年第二季度中国货币政策执行报告》，指出中国人民银行将坚持稳中求进工作总基调，继续实施稳健的货币政策，并保持政策的连续性和稳定性，更加注重松紧适度，及时进行预调微调，为经济结构调整与转型升级营造中性适度的货币金融环境。因此，未来货币政策总体还将是稳健偏宽松的环境。

由于货币政策的调整传导至实体经济通常存在时滞，预计下半年这些货币政策的效应将得到更充分的释放。下半年房地产开发投资增速很可能继续回升。

3.1.3 房地产调控

2014～2015 年上半年，中国房地产政策利好频频出台，"3.30 房贷新政"、"二套房首付降至 4 成"、"营业税免征期限 5 年改 2 年"、"公积金新政"、"降息"、"降准"等。仅在 2015 年上半年，政府就有七次关于房地产的调控政策出台。显示了中国政府对楼市调控由从严限购，到政策支持的态度转变。

李克强总理首次将"稳定住房消费"写进了《政府工作报告》。在住房保障方面，将逐步实行实物保障与货币补贴并举，开辟了消化商品房库存的另一条途径。坚持分类指导，支持居民自住和改善性住房需求，这也是首次在《政府工作报告》中加入支持"改善性住房需求"。这表明政府将扩大低收入人群的住房保障范围，拓宽住房保障途径，加强对刚需及二次改善型购房需求的政策支持。

总体来看，今年房地产调控政策整体偏宽松，由鼓励一套房刚需拓展到二套改善型需求，坚持"稳定住房消费需求"的大方向还没有改变。市场普遍预计我国已经进入降息降准周期，有利于房地产市场回暖。但是，由于银行在利差的约束下动力已显不足，首套房贷款利率进一步下调的空间已经不大。

3.1.4 保障房

2015年是"十二五"3600万套保障房计划的收官之年。截至2014年底，全国共改造各类棚户区住房2080万套、农村危房1565万户。2011～2013年底，全国城镇保障性安居工程累计开工2490万套，其中，棚户区改造1084万户；基本建成1577万套。2013～2014年改造各类棚户区住房820万套、农村危房532万户。住房和城乡建设部表示，除了要继续加大保障房开工，还要继续加大棚户区改造，努力实现在2015年基本完成林区、垦区棚户区改造任务。但待改造的棚户区多为基础差、改造难度大的地块，在创新融资机制、完善配套基础设施等方面还存在不少困难和问题。

2015年6月25日，国务院印发的《关于进一步做好城镇棚户区和城乡危房改造及配套基础设施建设有关工作的意见》当中提出了"三年计划"、加大改造建设力度、推进创新融资体制机制这三项总体要求。制订城镇棚户区和城乡危房改造及配套基础设施建设三年计划。2015～2017年，改造包括城市危房、城中村在内的各类棚户区住房1800万套（其中2015年580万套）、农村危房1060万户（其中2015年432万户）。加大改造建设力度，一是加快棚改项目建设，依法合规推进棚改，切实做好土地征收、补偿安置等前期工作，建立行政审批快速通道，简化程序，提高效率，加强工程质量安全监管，保证工程质量和进度，把城市危房改造纳入棚改政策范围；二要积极推进棚改货币化安置，缩短安置周期，节省过渡费用，让群众尽快住上新房，同时要完善配套基础设施，推进农村危房的改造工作。创新融资体制机制包括推动政府购买棚改服务，政府购买棚改服务的范围，限定在政府应当承担的棚改征地拆迁服务以及安置住房筹集、公益性基础设施建设等方面，不包括棚改项目中配套建设的商品房以及经营性基础设施；二是推广政府与社会资本合作模式，在城市基础设施建设运营中积极推广各种政府与社会资本合作的模式；三是构建多元化棚改实施主体，鼓励多种所有制企业承接棚改任务；四是发挥开发性金融支持作用，承接棚改任务及纳入各地区配套建设计划的项目实施主体，可依据政府购买棚改服务协议、特许经营协议等政府与社会资本合作合同进行市场化融资，开发银行等银行业金融机构据此对符合条件的实施主体发放贷款。

3.1.5 房产税

2015年2月24日，国务院批复同意了不动产登记工作部际联席会议制度，房产统一登记意义深远，不仅可以探底房地产市场，更能够为房产税、遗产税的开征扫除障碍。2014年的两会，房产税讨论环节中所面临的最核心问题在于房产税的推进模式，除了"上海模式"和"重庆模式"外还可能是整合之后的新模式。

《不动产登记暂行条例》（后称《条例》），

于 2015 年 3 月 1 日起施行。《条例》对不动产登记机构、登记簿、登记程序、登记信息共享与保护等作出规定。要求明确登记机构，要求设立统一登记簿，简化申请登记程序，加强登记信息共享，未经授权不得泄露查询获得资料，已经依法享有的不动产权利不受影响。虽然不动产登记信息管理平台的建立和实现不动产信息的实时共享不可能一蹴而就，但伴随着不动产统一登记制度的不断落实与完善，它确实为房产税征收扫除了巨大障碍，起到了重要的奠基作用。

早在 2013 年，十八届三中全会上公布的《中共中央关于全面深化改革若干重大问题的决定》中就提及"将加快房地产税立法并适时推进改革"，2015 年 7 月，财政部部长楼继伟在向十二届全国人大常委会第十五次会议做 2014 年中央决算报告时表示，今年将配合做好房地产税立法工作，加快房地产税立法并适时推进改革。目前房地产税的立法工作已经纳入全国人大工作议程。房地产税立法初稿已基本成形，正在内部征求意见并不断完善中。

3.2 关注点预测

3.2.1 关注新常态

2015 年 GDP 增速目标下调至 7% 左右，李克强总理说这是综合考虑了"需要和可能"而制定的目标，在答记者问时也毫不避讳地说："实现这个目标并不容易"。可见经济增长面临巨大压力，同时，也预示着中国经济正式步入"新常态"，经济发展从高速增长换挡到中低速。

GDP 增速下调，一方面强化了对经济下行的预期，社会投资和消费意愿都将更趋保守；另一方面，经济增速持续下滑，国内投资疲软，最终影响就业和居民收入。同时，世界经济形势回升动力不足，使得中国出口贸易增速趋缓，相关产业受到冲击将进一步加深，从

而也将影响相关产业的就业和收入。随着居民收入下滑，社会消费能力也将进一步下降。国内整体需求疲软，房地产市场也终将面临需求不振，进入新常态。大量的保障房和棚户区改造将分流部分商品房市场需求，使得房地产行业将面临更为严峻的需求问题，面临较大的增长压力。

新常态下，经济下行抑制居民需求，使得房地产发展基石不再稳固；同时在"稳增长"的经济发展指导下，房地产作为支柱产业将享受更多政策支持。对房地产的各项扶持政策可能陆续出台，包括相对宽松的货币政策、税费政策，进一步落实户籍改革、调整公积金贷款、加快区域一体化、给予购房者直接购房补贴等。总而言之，"稳增长"的框架下，房地产必将受扶持。

3.2.2 关注房价趋势

2015 年一季度，国内房价回落之势仍在持续，不过各线城市房价下跌幅度均明显收窄。经过近一年的价格调整，目前房地产市场价格已经进入了相对合理的区间。在经历了低迷期后，今年的房地产市场是否能够进入止跌回暖的拐点，成为市场的关注点。

随着宏观经济下行压力进一步加大，一季度房地产行业也步入"新常态"。经济下行压力加大，投资信心不足和需求疲软。但同时，经济下行也对房地产行业带来政策利好，3 月"两会"中，政府已明确"稳增长"，从2014～2015 年上半年，限购政策松绑、央行降息、降准、降低住房公积金使用门槛等一系列政策调整给房地产市场带来利好。这些政策降低了房地产企业的融资难度和融资成本，同时也降低了购房者的贷款成本、缩短贷款周期，从而在短期内刺激需求，提振市场热度。这一利好预计将在下半年进一步延续。

3.2.3 关注去库存

2014 年房地产行业整体走弱，市场成交

乏力，大多数城市库存量直线走高。2015年多数城市库存量与去年同期相比，仍是大幅上涨。但较2014年四季度出现小幅下滑。2014年同期市场延续了2013年的火爆局面，城市库存整体基数较低，并保持在警戒线以内，但经过2014年一年的积累，库存量陡增，所以同比出现大幅上涨。然而进入2015年一季度以来，随着降息降准等利好政策频出，多数重点城市积极寻求去库存，供求关系趋于平衡，库存量开始小幅回落。整体而言，虽存量仍然维持高位，但回落的迹象已经显现。与存量开始显现的下滑趋势不同，消化周期并未改善，反而是呈现逐月增加的态势。

在"稳定住房消费"、"支持居民自住和改善型需求"和"分类指导，因地施策"的指导下，随着各地扶持政策陆续出台，信贷环境进一步宽松，利好政策效应的充分释放，预计接下来，各线城市楼市去库存的力度将有所加大，库存压力有望得到进一步缓解。

3.2.4 关注分化

2015年3月两会鼓励各地根据实际情况因城施策。一线城市短期内调整限购政策的可能性不大，在降息降准等利好政策的刺激下，在强大的经济实力和人口红利支撑下，当前供求基本平衡的市场将继续保持稳定，房价也依然坚挺。从一手房交易价格来看，一线城市一手房交易价格已经率先全面企稳。二线城市房地产市场也会转稳，但分化会进一步突出。如合肥、成都、济南等市场供求比较均衡的城市，供应量或将快速增加，成交量也将随之稳步回升，房价将稳步上升，同比来看成交价格仍处于增长趋势；而沈阳、海口、青岛等供求矛盾突出的城市，仍面临较大的去库存压力，成交均价保持平稳甚至小幅下降。三四线城市整体市场不容乐观，量价齐跌，但随着户籍制度进一步放宽，吸引农民就近城镇化，或助推部分区域中心城市去库存，助推成交量上涨。

3.2.5 关注房产税

2015年3月26日，《不动产登记暂行条例实施细则（征求意见稿）》公布并公开向社会征求意见。实施不动产登记一直被视为开征房地产税的前奏，是房地产税征收的基础条件。细则的出台使得公众对房地产税开征的预期愈发强烈。然而财政部财政科学研究所原所长贾康表示，不动产登记制度刚刚推出，房地产市场仍处在调整期，房地产税征收需要掌握实际火候，从目前情况看，在短期内难以实现。

今年全国两会期间，国务院总理李克强在政府工作报告中指出，支持居民自住和改善型住房需求，促进房地产市场平稳健康发展。这传递出政府保障刚需和改善型住房需求，减少投资投机性的政策目标，房产税势在必行。全国人大近日表示将在2020年前全面完成税收立法，其中包括房地产税。"房地产税引导预期的作用不可忽略，抑制投资的投机性，需要发挥不动产登记和房地产税的作用。"虽然房地产税正式迎来了立法规划，但大部分业内人士认为，两到三年内征收房地产税的条件不完全具备。首先是不动产统一登记制度尚未完善，其次每年都需要对应征房屋价格进行评估，需要具有相应的房屋估价技术与人员配备。采用"上海模式"和"重庆模式"还是整合之后的新模式仍是需要解决的问题。

3.2.6 关注棚户区改造

2015年《政府工作报告》中指出，2015年保障性安居工程计划新安排740万套，其中棚户区改造580万套，比去年增加110万套，把城市危房改造纳入棚改政策范围。农村危房改造366万户，增加100万户，统筹推进农房抗震改造。住房保障逐步实行实物保障与货币补贴并举，打通存量房转为公租房和安置房的通道。对居住特别困难的低保家庭，给予住房救助。坚持分类指导，因地施策，支持居民自住和改善性住房需求，促进房地产市场平稳健康发展。

2015年棚户区改造规模进一步扩大，同时把城市危房改造纳入棚改政策范围。通过实物保障与货币补贴并举的方式，加快棚户区居民的安置工作。创新融资体制机制在棚改工作的参与方式也成为普遍的关注点。

3.2.7 关注农村土地制度改革

2014年，农地改革试点在全国陆续启动，2015年2月27日，第十二届全国人民代表大会常务委员会第十三次会议通过了《全国人民代表大会常务委员会关于授权国务院在北京市大兴区等三十三个试点县（市、区）行政区域暂时调整实施有关法律规定的决定》，授权国务院在北京市大兴区等三十三个试点县（市、区）行政区域，暂时调整实施《中华人民共和国土地管理法》、《中华人民共和国城市房地产管理法》关于农村土地征收、集体经营性建设用地入市、宅基地管理制度的有关规定。上述调整在2017年12月31日前试行。决定提出暂时调整实施有关法律规定，必须坚守土地公有制性质不改变、耕地红线不突破、农民利益不受损的底线，坚持从实际出发，因地制宜。此举打出了农村土地制度改革巨响，同时也为2015年全国两会设置了农村土地制度改革话题。

3.2.8 关注互联网营销

2015年"互联网＋"的概念被首次写入政府工作报告。在房地产业内，互联网营销也备受关注和追捧。2015年初以来，当代置业携东戴河白金海MOMA上线无忧我房，采用全盘众筹的方式进行项目开发，万科联合乐居&实惠，发起"万科有爱实惠万家"的活动，从线上"摇一摇"延伸至线下大型活动，吸引2600人次到场，打破开盘记录，带动其他房地产企业跟进效仿。方兴与淘宝合作，将互联网营销推向新高，购房首付款存入余额宝，至

交付期或约定期限才交付给开发商，期间享受理财收益，该模式重新定义了购房流程。互联网"大营销"时代下，互联网资源优势被不断放大，同时在"O2O"模式冲击下，渠道创新成为房地产企业营销核心关注点。

3.3 市场趋势展望

3.3.1 土地市场走势

鉴于2014年以来新开工面积和土地成交规模的不断下滑，与一线城市相比，2014年二、三线城市土地出让下滑幅度更大。预计2015年房地产供应将整体偏紧，土地市场调控将趋于市场化，行政干预将淡化。2014年土地市场成交量依然维持在4000万 m^2 以上的水平，来年供应面有望继续稳定。

2015年房地产开发企业土地购置面积将小幅增加。由于2014年以来市场冷淡，部分城市土地供应减少，土地财政收入大幅减少。2015年伴随着一系列房地产利好政策，市场将显露好转迹象，地方推地意愿随之加强，土地供应可能回升；随着市场预期的回升，房地产企业也将重新调整城市布局，进行拿地布局，土地购置需求也将回升。考虑到行业整体需求疲软和企业自身的资金链情况，土地成交价格上将不会大幅上升，底价成交仍是常态。

与此同时，不同城市间的土地市场将继续分化，一线及热点二线城市优质地块仍将量跌价涨，被市场追捧。部分城市由于此前土地供应量存量较大，且产业和人口吸引力弱，土地消化周期较长，土地市场或将继续趋冷。在分化进一步加剧的背景下，房地产企业为避险将纷纷追逐一线城市，推动一线城市土地市场回暖。21世纪宏观研究院认为，一线城市土地市场将在2015年持续保持热度，一方面，根据中央政策，将严控特大型城市新增建设用地，2015年一线城市的土地供应将持续紧缩，供应减少；另一方面，在各项楼市利好政策刺

激下，一线城市楼市在全国率先复苏，也直接增加房地产企业进一步回归一线城市的信心。

与此同时，对房地产市场影响深入土地制度改革建设也同步完善，比如积极稳妥推进农村土地制度改革试点方案设计研究工作，进一步细化完善养老用地、铁路用地等方面差别化的土地政策；出台《节约集约利用土地规定》、《不动产登记暂行条例》等多项土地制度改革的顶层设计方案。根据国土部的部署，在国土部上报中央的农村土地制度改革试点方案获批后，按照改革方案设计，征地制度、集体经营性建设用地入市、宅基地制度等农村土地制度改革将持续重点推进。2015年会选择若干试点进行土地制度改革试验。土地出让制度改革也将进一步推进，比如继续探索共有产权房用地的供应、管理和退出机制，调整不同用地供应结构，保持土地市场稳定；实行有针对性的土地供应和出让政策，促进土地资源合理配置和有效利用等。

3.3.2 房地产资金走势

受经济下行压力影响，同时国际大宗商品价格持续下跌，使得物价水平进一步走低，低通胀为降准和降息又打开了操作空间，预计2015年政府将继续实施宽松货币政策，放宽资金面，从而扩大投资，将经济增长速度稳定在可接受的区间。但整体资金面的宽松并不意味着房地产行业的资金充裕。政府加强资金流动性的本意在于缓解经济下行压力，降低企业融资成本，从而支持实体经济发展的资金需求。因此资金会更多地流向实体经济，而非房地产市场。今年股票市场的热度将吸引大批资金流入，预计今年下半年股市对民间资金的分流程度依旧强劲。房地产市场的资金流入量既存在有利因素，也有不利因素，预计房地产行业的资金面仍是谨慎乐观的。

3.3.3 商品房量价走势

从2014~2015年上半年，限购政策松绑、

央行降息降准、降低住房公积金使用门槛等一系列政策调整给房地产市场带来利好，房地产市场在政策的刺激下可能止跌回暖。随着地方对利好政策的进一步落实，会有更多城市迎来房价回升的可能。另一方面，行业虽然迎来转机，但内部仍处于不断调整中，行业生态已发生改变，由高速增长换挡为中低速发展。随着人口红利的逐渐弱化，人均住房面积的不断提升，目前已达到33m²，刚需和改善性需求的人口趋于减少，使得房地产的需求高峰不复存在。整个市场已经处在供求相对平衡的状态，甚至部分城市出现供过于求，房地产行业已进入新常态。预计2015年房地产投资仍将持续下行，房地产投资增速以及新开工面积也将同步下降。

从趋势来看，在去库存背景下，2015年上半年行业开发投资、新开工等指标在惯性影响下，仍将延续回落格局，下半年，随着市场预期和信心都有所回升，加之贷款宽松，资金流动性增强的格局，行业将持续平稳运行。部分指标也会在整个宏观背景的利好情况下，率先显露反弹复苏迹象。商品房销售面积和金额预计将企稳回升，但总量也会与2014年水平相当，不会出现更大突破。考虑到行业仍处于供大于求、去库存的格局，各个城市能级不同，各个企业资源实力不同，行业分化将会更加显著。表现在不同城市、企业分化进一步加剧。去库存仍将是2015年的主基调，不过，受2014年土地供应面积下降的影响，2015年的供需缺口将逐渐收窄。

受益于房地产行政政策的弱化，货币政策的调整和房地产企业营销策略的创新，2014年底房地产市场需求呈现抬头趋势，鉴于2014以来持续下滑的新开工面积和土地成交规模，2015年将进一步去库存，房价也将在2015年呈现先降后稳的趋势。

3.3.4　房地产企业分化和布局走势

根据申银万国的行业分类，目前 A 股市场房地产企业有 142 家，在 83 家披露 2015 年中报或业绩预告的上市房地产企业中，约有 20 家企业预计实现上半年净利润翻倍，与此形成鲜明对比的是，约 30 家企业将陷入亏损。还有 20 家企业业绩将下滑，其余企业则有望扭亏为盈或实现业绩小幅提升。

整个 2015 年上半年，房地产企业间的分化愈加明显。事实上，业绩苦乐不均的格局在地产行业早已存在。最近 3 年，每年均存在业绩翻番和亏损的企业并存的现象，只是今年以来分化情况愈加明显。

一是区域的分化。从 2015 年中报业绩表现良好的企业来看，其业务多集中于北上广深等一线城市，业绩较差的企业则多位于三四线城市。一线城市需求的强劲及房价的上涨为企业业绩提供了有效支撑，一线城市因其稳定的刚性需求和相对稳定的利润空间，成为品牌房企的业绩保障。相比之下，三四线城市需求疲软，去库存压力大，销售困难。"撤离三四线、布局一二线"，成为越来越多房地产企业的选择。二季度以来，一线城市和少数的二线城市的房地产市场投资情况、房价情况和市场销售情况普遍优于三四线城市，因为这些城市中刚需和改善性需求都比较旺盛，所以房地产表现更积极。

二是企业规模的分化。今年，房地产企业间的分化在供需市场失衡带来的高库存压力下进一步被激化，马太效应凸显。去年下半年在销售不畅、资金面受限、融资成本上升的情况下，不少房地产企业通过境外融资、房地产信托等途径缓解资金压力，一些中小房地产企业则通过加快售卖现有资源缓解现金流紧张，部分房地产企业去地产化意愿进一步加强，采取高周转模式。在房地产行业整体面临资金流动性不足的情况下，中小房地产企业因为融资能力弱，市场占有率下滑趋势加剧，房地产行业格局洗牌持续。相对于大型房企销售业绩的企稳增长，越来越多的中小型房地产企业对销售市场愈加力不从心。一方面在市场进入去库存，供大于求的情况下，消费者日渐理性，购房需求更加全面审慎，更注重品牌、品质、户型、服务等，中小房地产企业很难吸引与品牌房地产企业相比同等的消费市场的忠诚度；另一方面在调低房价吸引购房者的竞争中，实力较弱的房产公司是很难与大型房地产企业相匹敌，这也导致消费者更倾向于大型房地产企业，企业间的分化将使得市场布局更加集中。

三是新房和存量房的分化。中国的房地产正逐渐由原来的新房交易为主向存量房、二手房交易为主的成熟市场模式过渡。未来大中城市将成为二手房的主战场。以欧美、日本这样的发达经济体为例，房地产市场步入成熟阶段的表现为二手房市场成交占到 70%～80% 的比重。考虑到中国充裕的商品房库存量、较高的城镇家庭住房自有率的人均住房面积，以及人口流动趋势加剧，未来二手房市场的发展是重要趋势。

3.4　小结

中国经济在 2014 年逐渐适应了从高速增长换挡到中低速，经济发展进入新常态，房地产行业也随之进入新常态，未来经济面临下行压力。但 2015 年经济运行总体趋势预期仍是缓中趋稳，发展态势稳中向好。同时稳健货币政策的实施，为经济社会发展创造了良好的货币金融环境，一系列房地产政策利好频频出台，显示中国政府对楼市调控由限购从严，到政策支持的转变，房地产开发投资增速可能相应回升。新常态下，一方面各线城市房价下跌幅度均明显收窄，库存去化压力有望进一步缓解，但由于城市能级不同出现分化，一二线城市总体情况优于三四线城市。未来棚户区改造，不动产登记和房产税的立法工作，农村土地制度改革及"互联网＋"概念将成为房地产市场的关注点。

鉴于2014年以来持续下滑的新开工面积和土地成交规模，预计2015年楼市供应整体将维持偏紧。不同城市间的土地市场将继续分化，一线及热点二线城市优质地块将仍被市场追捧，保持量跌价涨。在一系列利好政策的刺激下，房地产行业的资金面虽谨慎但乐观，会有更多城市迎来房价回升的可能，商品房销售面积和金额将企稳回升，但总量也仅与2014年水平相当。考虑到行业供大于求的格局尚未根本扭转，行业在区域、企业规模及新房和存量房上的分化将更加显著。

4 结语

总体而言，2014～2015年上半年整体市场深度调整，土地市场也变化明显。2015年下半年市场预计将平稳运行，并继续以节约土地、充分利用为主基调，尤其是一线城市和二线城市，问题仍较为严重。在《节约集约利用土地规定》的基础上，各地政府将出台对本地区较有影响力的政策。另外，土地流转作为土地改革的一个难点和重点，在未来仍将是各地政府探索的一个重要方向。

我国房地产进入正常轨迹，除了房地产市场的几大主体——房地产企业、金融机构和购房者，还有一个重要主体就是地方政府，都必须要进行房地产市场预期的合理引导。一方面，政府花大力气遏制投机现象，并保持市场的潜力；另一方面随着长效机制逐步建立，房地产市场将主要靠市场机制来调节，其变化也会随着机制的变化而产生不同。由于之前几年房地产市场的暴利，让人们觉得地产就是一个赚钱的机器，其实地产应与其他行业一样，存在盈利但不过分暴利。因此，对待房地产市场既不必过分悲观，也不要再将房地产市场作为投机场所。地方政府应该主要转移到依赖有竞争优势的产业发展，而不是盯着房地产土地转让金。

我国地域宽广，各个地方政策、形势差异巨大，已经不再是全国一盘棋状态，所以不能让市场自主调节。针对当前各地"鬼城"报道不断、地方集资者跑路等现象，应加大对各地烂尾楼或者空置房的调查。虽然市场调节要起主导作用，但针对我国房地产市场日益分化的状况，政府还是需要加强手段进行人为的干预，有效引导区域房地产市场供需平衡以及房地产结构平衡。家庭结构、年龄结构、收入、职业、宗教、民族等均可作为划分不同房地产市场的依据。这既是房地产市场健康稳定发展的需要，也是节约资源和保护环境的需要。

建筑业上市公司财务可持续增长实证研究
——基于 Higgins 可持续增长模型

王孟钧　杨艳会　李香花

（中南大学土木工程学院，长沙 410075）

【摘　要】文章基于 Higgins 可持续增长模型，利用均值差异检验、描述性统计法和威尔科克森符号秩检验（Wilcoxon's Sign Rank Test）方法，对我国建筑业上市公司财务可持续增长进行实证研究，并以中国建筑股份有限公司为例进行阐述。研究结果表明：我国建筑业上市公司可持续增长率与实际增长率存在差异，但二者逐年接近，2014 年基本实现财务可持续增长。最后，根据实证研究和案例分析结论为建筑业上市公司实现财务可持续增长提出对策与建议。

【关键词】财务可持续；建筑业；上市公司；希金斯模型

An Empirical Study of Financial Sustainable Growth of Construction listed Companies

Wang Mengjun　Yang Yanhui　Li Xianghua

(The Civil Engineering School of Central South University，Changsha 410075)

【Abstract】The financial sustainable growth of Chinese construction listed companies is studied based on Higgins sustainable growth model. Mean different test，descriptive statistical method and Wilcoxon rank sum test are used in this article. This article takes China State Construction Engineering Corporation as an example. The results show that sustainable growth differ from real growth rate of Chinese construction listed companies，but both two gradually approaching to each other. In 2014，listed companies almost achieve financial sustainable growth. Finally，countermeasures and suggestions for the realization of financial sustainable growth of construction listed companies are put forward according to the results of empirical research.

【 Keywords 】　financial sustainable growth; construction industry; listed companies; Higgins model

1　引言

2014 年，中国国民经济在新常态下保持平稳运行，呈现出增长平稳、结构优化、质量提升、民生改善的良好态势，建筑业呈现一片繁荣景象，全国建筑业总产值达 176713 亿元，同比增长了 10.2%。建筑业的发展与建筑企业密切相关，特别是建筑业上市公司作为我国建筑业先进生产力的集中代表，承担了相当份额的建设任务。然而建筑业上市公司利润水平一直处于较低的状态，不利于企业财务可持续增长，本文在继建筑业上市公司竞争力与绩效研究的基础上，对其财务得可持续增长进行研究，为建筑业上市公司稳健发展提供决策参考。

企业过快增长可能导致资金链断裂甚至破产的危机，相反增长过慢可能造成大量资产闲置，浪费市场资源，并存在被收购的风险。企业内在的增长能力是由经营效率和财务政策决定。截至 2015 年 4 月，沪深两市建筑业上市公司共计 68 家，剔除 2011 年后新上市、行业变动及 ST、＊ST、PT 公司，本文选取 53 家建筑业上市公司 2011～2014 年财务数据，数据来自国泰安（CSMAR）数据库[1]、新浪财经和沪深两市网站。

2　财务可持续增长内涵及建筑业上市公司发展现状

2.1　财务可持续增长内涵

可持续增长（Sustainable Growth）一词源自发展经济学，是指人类在社会和经济发展过程中，资源与环境的长期协调发展，实现既满足当代人的需求又不损害后代人需求的发展状态。

财务可持续增长（Financial Sustainable Growth）是指在企业的规模和发展速度与其所拥有的财务资源相协调，从而实现企业持久良性发展的财务增长态势。财务可持续增长通过财务可持续增长率反映出来。目前学术界对财务可持续增长与财务可持续增长率计算方法的研究，已取得一定的成果，期中最有影响的是美国资深会计学家罗伯特·希金斯（Robert. C. Higgins），他在《Financial Management》上发表了一篇题为 "Sustainable Growth under Inflation" 的文章，文中指出 "企业的财务可持续增长率，是指在不需要耗尽其财务资源的条件下，企业销售所能够增长的最大比率[2]"。它是一个综合性的财务指标，体现企业在现有经营管理水平和财务政策下所具有的增长能力，应把它作为企业财务分析与管理的工具。

美国另一位著名财务学家詹姆斯·范霍恩（JamesVan Horne）教授在其财务学专著中对企业可持续增长率的定义为 "可持续增长率是指根据企业目标经营活动比率、负债比率以及股利支付比率而确定的企业年销售收入最高增长比率"。他的定义与希金斯的定义最大区别在于强调可持续增长率是目标值，而不是实际值，也就是说可持续增长率是在事先根据目标财务比率计算的目标值，而不是事后的分析得出的实际值。

2.2　建筑业上市公司发展现状

在中国经济快速发展的环境下，一大批实力雄厚、品牌形象良好的建筑业公司也得到了前所未有的发展。在经济全球化与信息网络化的国际环境中，我国大型建筑企业在适应国际惯例能力、风险控制能力和市场竞争力等方面都得到了提升，但是与发达国家大型建筑业公司相比，仍存在较大的差距[3]。作为中国建筑业标杆的中国建筑业上市公司在发展过程中依然有很多问题，这些问题影响到公司财务的可持续增长。

2.2.1 盈利能力总体较低

一般来说，上市公司的可持续发展能力与公司盈利能力正相关，即盈利能力越高，可持续发展能力也越高。利润增长率既与资产的盈利能力有关，又与公司资产的投入有关。从资产盈利方面看，资产盈利能力强，公司的成长性就高；反之，资产盈利能力弱，其成长性就可能受到影响。建筑业上市公司年报统计数据显示（图1），2011～2014年我国建筑业上市公司净利润率均低于10%，不利于公司可持续发展。

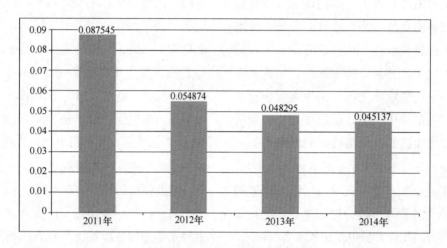

图1　2011～2014年建筑业上市公司净利润率

2.2.2 偿债能力整体较差

我国建筑业上市公司的融资方式有：债务融资、股权融资和内部融资。外部融资中债务融资比例在70%以上，而股权融资只有不到20%。统计2011～2014年建筑业上市公司资产负债率，平均企业资产负债率为64.88%，明显高于同期国有及国有控股企业的58.61%，并且在负债总额中，建筑业上市公司的流动负债所占比例较高，甚至有的建筑业上市公司不使用长期债务资金，完全依赖短期负债，从而使得短期负债增加了企业的财务风险。

2.2.3 创新能力不足

国家主席习近平在十二届全国人大三次会议上强调"创新是引领发展的第一动力"，建筑业上市公司的发展同样需要创新的支撑，技术和管理创新尤为重要。传统的建设项目没有突破科技创新的瓶颈，企业所拥有的仍然是常规技术，创新投入低，企业科技进步和技术创新能力不足。据统计数据显示，目前我国建筑业上市公司创新资金投入仅占生产总值1%～3%，而发达国家普遍在5%左右。根据国家知识产权局按IPC大类的分类统计表，2013年发明、实用性专利共计1679337项，其中E部土木工程类共计98501项，仅占5.87%，可见建筑业创新成果较少，建筑业上市公司有必要开展自主创新活动，从而提高自主创新能力、培育新的经济增长点。

2.2.4 建筑业上市公司面临"营改增"挑战

营业税改增值税是国家税制改革的一大政策，虽然目前还没有全面正式展开，但2015年5月18日，国务院批转发改委《关于2015年深化经济体制改革重点工作的意见》，该文件称：力争全面完成营改增，将营改增范围扩大到建筑业、房地产业、金融业和生活服务业等领域。目前建筑业营业税税率为3%，营改增后税率可能采用 11%，企业可能面临税负增加问题。面临营改增建筑业上市公司应该采取相应应对措施，但根本问题还是要提高盈利能力，从"微利润"困境走出来。

3　企业财务可持续增长模型

3.1　希金斯（Higgins）可持续增长模型

3.1.1　假设条件[4]

（1）公司希望按照市场条件允许的增长比率增长；

（2）公司不愿意或者不可能发行新股；

（3）公司已有相应的目标资本结构及目标股利政策，并希望继续维持；

（4）公司资产周转率水平保持不变。

3.1.2　公式推导

可持续增长率 ＝所有者权益增长率

$$= \frac{所有者权益本期增加}{期初所有者权益}$$

$$= \frac{本期收益留存率 \times 本期净利}{期初所有者权益}$$

＝本期收益留存率

　　×期初权益资本净利率

＝本期收益留存率

$$\times \frac{本期销售收入}{期末总资产}$$

$$\times \frac{期末总资产}{期初所有者权益}$$

$$\times \frac{本期净利润}{本期销售收入}$$

＝收益留存率 R

　　×资产周转率 A

　　×权益乘数 T

　　×销售净利率 P

由希金斯的可持续增长模型可以看出，公司的可持续增长率主要受资产周转率、销售净利率、权益乘数和收益留存率四个因素的影响。其中，资产周转率 A 和销售净利率 P 反映了企业生产过程中的经营业绩，而权益乘数 T 和收

益留存率 R 则概括了企业主要的财务政策。希金斯的可持续增长模型是一个静态模型。

3.2　范霍恩（Van Horne）可持续增长模型

3.2.1　静态模型[5]

$$SGR = \frac{b(NP/S)(1+D/E_q)}{(A/S) - [b(NP/S)(1+D/E_q)]}$$

式中　SGR——可持续增长率；

　　　　b——收益留存率；

　　　　D/E_q——负债/股东权益；

　　　　A/S——资产总额/销售额；

　　　　NP/S——销售净利率。

SGR 代表公司在各种目标财务比率约束下所能实现的最大销售增长率，任何大于 SGR 的年销售增长率都必须通过外部股东权益融资来实现。从本质上讲，该模型在假设前提和基本思路上与希金斯的财务可持续增长模型是一致的。

3.2.2　动态模型

$$SGR = \frac{(E_q + NewE_q - D_{iv})(1+D/E_q)(S/A)}{1 - [(NP/S)(1+D/E_q)(S/A)]}$$

$$(1/S_0) - 1$$

式中　E_q——期初股东权益；

　　　$NewE_q$——本年度新筹集的权益资本；

　　　D_{iv}——支付的股利；

　　　N_P——净利润；

　　　S_0——本期销售额；

　　　D/E_q——负债/股东权益；

　　　A——资产总额；

　　　NP/S——销售净利率。

该模型较静态模型引入"本年度新筹集的权益资本"和"上期销售额"两个参数，并且用"支付的股利"代替了"收益留存率"。

Higgins 可持续增长模型与 Van Horne 可持续增长模型相比较，二者最大的区别是前者用期初股东权益计算，而后者用期末股东权益计算。但 Van Horne 可持续增长模型考虑了企业外部复

杂多变的经济环境，因可操作性差，实际应用中多采用 Higgins 的静态模型。本文考虑模型的应用范围、数据收集难易程度和可操作性等因素，选用 Higgins 的可持续增长模型对建筑业上市公司财务可持续增长进行实证研究。

4 我国建筑业上市公司财务可持续增长实证研究

本文以上海证券交易所和深圳证券交易所上市的 68 家建筑业上市公司为全样本，剔除 2011 年后上市、行业变动及 ST、*ST、PT 公司，选取 53 家建筑业上市公司 2011～2014 年四年共计 212 个样本。所有样本财务数据均来自国泰安（CSMAR）数据库、新浪财经和沪深两市网站。采用 Excel 软件对财务数据进行初步处理，然后运用 SPSS19.0 统计分析软件[6]，计算 212 个样本可持续增长率与实际增长率，并进行描述性统计，利用威尔科克森符号秩检验法 Z 统计值检验可持续增长率与实际增长率是否一致。

4.1 变量的确定

4.1.1 实际增长率的确定

我国上市公司的行业分类是按照公司主营业务进行划分，按照规定，公司的营业收入必须占其全部收入的 50% 以上，所以可以用主营业务收入增长率代表实际增长率[7]。

计算公式：实际增长率＝（期末主营业务收入－期初主营业务收入）/期初主营业务收入

实际增长率是衡量企业经营状况和市场占有能力、预测企业经营业务拓展趋势的重要指标。该指标越大表示其增长速度越快，若该指标为负值，说明营业收入减少。应该说明的是企业为实现财务可持续增长会根据财务状态、资源条件等相应调整业务拓展战略，实际增长率要与可持续增长率相匹配。

4.1.2 收益留存率的确定

收益留存率，指税后盈利减去利润分配的差额和税后盈利的比率。它表明公司的税后利润有多少用于发放股利，多少用于保留盈余和扩展经营。上市公司的利润分配有股票股利和现金股利两种形式，因财务可持续增长率是考虑企业财务资源及资金所能支持的发展，股票股利不会引起企业财务资源与资金变动，所以本文只扣减现金支付的股利。

计算公式：收益留存率＝1－现金股利总额/净利润

现金股利总额来源为上市公司年报中"利润分配及分红派息情况"，净利润的数据直接来源于 CSMAR 数据库。

4.1.3 资产周转率

资产周转率是衡量企业资产管理效率的重要财务指标，包括总资产周转率和净资产周转率。总资产周转率是考察企业资产运营效率的一项很重要指标，体现企业经营期间全部资产从投入到产出的流转速度，反映企业全部资产的管理质量和利用效率。净资产周转率则反映企业权益资金运营效率。本文中选取总资产周转率指标，便于分析总资产的质量。

计算公式：资产周转率＝营业收入/平均资产总额＝营业收入/〔（资产合计期末余额＋资产合计期初余额）/2〕

资产周转率的数据为 CSMAR 数据库中公布的"总资产周转率 B"项中数据。

4.1.4 权益乘数的确定

权益乘数又称股本乘数，是指资产总额相当于股东权益的倍数。权益乘数越大表明所有者投入企业的资本占全部资产的比重越小，企业负债的程度越高；反之，该比率越小，表明所有者投入企业的资本占全部资产的比重越大，企业的负债程度越低，债权人权益受保护的程度越高。

计算公式：权益乘数＝资产总计/所有者权益合计

因期末所有者权益比较复杂，受到子公司资产评估增值等影响，不便于计算，所以采用期初所有者合计，其数据为上市公司年报合并资产负债表中期初所有者权益合计。资产总计数据为上市公司年报合并资产负债表中期末资产总额。

4.1.5　销售净利率的确定

销售净利率反映每一元销售收入带来的净利润的多少，表示销售收入的收益水平，该指标越高，说明企业的获利能力越强。

计算公式：销售净利率＝（净利润/销售收入）×100%

净利润数据为上市公司年报合并利润表中本期净利润，因受业务状况、经营水平等影响会导致净利润为负值，说明企业处于亏损状态。销售收入数据为上市公司年报合并利润表中本期营业收入。

4.2　描述性分析

通过希金斯可持续增长模型计算得到2011～2014年各年度销售净利率、资产周转率、权益乘数、收益留存率、可持续增长率和实际增长率的均值和标准差，详见表1。从销售净利率来看，建筑业上市公司销售净利率

较低，均值不到6%。资产周转率在80%左右，对于建筑行业来说资产运营良好。权益乘数在5左右，表明所有者投入的资本占总资本比例较小，说明建筑业上市公司负债水平较高。

从表1可以看出，2011～2014年建筑业上市公司实际增长率均大于可持续增长率，实际增长率的波动幅度比可持续增长率波动大，结合图2可以看出实际增长率与可持续增长率变化趋势逐年聚拢，2014年二者相差较小。

研究变量的描述性统计分析　　表 1

年份	2011 年	2012 年	2013 年	2014 年	均值	标准差
销售净利率 P	8.75%	5.49%	4.83%	4.51%	5.90%	0.01948
资产周转率 A	91.38%	75.65%	73.97%	78.35%	79.84%	0.07907
权益乘数 T	4.92	4.78	5.04	5.02	4.94	0.11982
收益留存率 R	85.12%	87.03%	83.77%	86.42%	85.58%	0.01449
可持续增长率 SGR	16.78%	10.85%	9.83%	9.83%	11.82%	0.03340
实际增长率 g	26.80%	22.73%	19.37%	11.04%	19.99%	0.06692

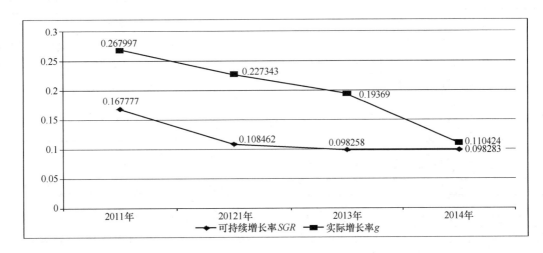

图 2　2011～2014 年可持续增长率与实际增长率变化趋势图

4.3 威尔科克森符号秩和检验

为检验建筑业上市公司财务是否实现可持续增长，采用威尔克森符号秩和检验法（Wilcoxon Signed Ranks）[8]对建筑业上市公司2011～2014三年可持续增长率（SGR）和实际增长率（g）混合全样本进行检验。建立原假设和备择假设：T_0实际增长率与可持续增长率存在显著差异性；T_1实际增长率与可持续增长率不存在显著差异性。检验置信度是95%的双侧检验，如果可持续增长率和实际增长率的渐进的双尾显著性$P<0.05$，接受原假设，即接受实际增长率与可持续增长率不一致，建筑企业上市公司未实现财务可持续增长；如果$P\geq0.05$，拒绝原假设，即接受实际增长率和可持续增长率一致，建筑业上市公司实现财务可持续增长。

4.3.1 2011～2014年合并样本可持续增长检验

所选取的53家建筑业上市公司实际增长率和可持续增长率威尔科克森符号秩和检验结果如表2所示，检验统计量如表3所示。从表3可以看出渐进的双尾显著性$P<0.05$，接受原假设，意味着样本公司4年间实际增长率和可持续增长率不一致，未实现可持续增长。同时，从表2可以看出4年数据的结为零，说明在样本中没有可持续增长率与实际增长率相等的公司，负秩数为120，占总数的56.60%，正秩数为92，占总数的33.40%，可以得出2011～2014年建筑业上市公司实际增长率大于可持续增长率，即存在增长过快的现象，实际高速增长与股权资本增长不相匹配，会造成企业财务资源的过度消耗。

4.3.2 2011～2014年历年样本可持续增长检验

从表5可以看出2011～2013年渐进的双尾显著性$P<0.05$，接受原假设，意味着样本公司这3年实际增长率和可持续增长率不一致，未实现可持续增长。同时，从表4可以看出这3年数据的结为零，说明在样本中没有可持续增长率与实际增长率相等的公司；2011年负秩数为28，占总数的52.83%，正秩数为25，占总数的47.17%；2012年负秩数为31，占总数的58.49%，正秩数为22，占总数的41.51%；2013年负秩数为36，占总数的67.92%，正秩数为17，占总数的32.08%。可以得出2011～2013年建筑业上市公司实际增长率大于可持续增长率，即存在增长过快的现象。

秩（Ranks）计算结果表　　　　表 2

项目		N	秩均值	秩和
	负秩	120[a]	121.43	14571.00
G-g	正秩	92[b]	87.03	8007.00
	结	0[c]		
	总数	212		

注：a：G<g；b：G>g；c：G=g。

检验统计量[b]　　　　表 3

项目	G-g
Z	−3.670[a]
渐近显著性（双侧）	0.000

注：a—基于正秩。

b—Wilcoxon带符号秩检验。

2011～2014年历年秩和检验结果汇总　表 4

年份		2011年		2012年		2013年		2014年	
项目		N	秩均值	N	秩均值	N	秩均值	N	秩均值
	负秩	28[a]	34.61	31[a]	31.06	36[a]	28.86	25[a]	28.28
G-g	正秩	25[b]	18.48	22[b]	21.27	17[b]	23.06	28[b]	25.86
	结	0		0		0		0	
	总数	53		53		53		53	

注：a：G<g；b：G>g；c：G=g。

从表5可以看出2014年渐进的双尾显著性$P=0.940>0.05$，拒绝原假设，意味着样本公司2014年实际增长率和可持续增长率一致，基本实现可持续增长。同时，从表4可以看出 2014 年数据的结为零，说明在样本中没有可持续增长率与实际增长率相等的公司，负秩数为 25，占总数的 47.17%，正秩数为 28，占总数的 52.83%，可以得出 2014 年建筑业上市公司实际增长率趋缓，基本实现可持续增长。从表 1 中 2014 年销售净利率、资产周转率、权益乘数、收益留存率和实际增长可以看出，该年度实际增长率与可持续增长率接近主要因为 2014 年 53 家公司中 13 家公司营业收入增长率为负值导致实际增长率大幅降低，但就可持续增长率与实际增长率而言，二者仍处于较低的水平。

2011～2014 年历年检验统计量汇总[b]　表 5

年份	2011 年	2012 年	2013 年	2014 年
项目	$G\ g$	$G\ g$	$G\ g$	$G\ g$
Z	-2.244^a	-2.191^a	-2.864^a	-0.075^a
渐近显著性（双侧）	0.025	0.028	0.004	0.940

注：a—基于正秩。

　　b— Wilcoxon 带符号秩检验。

2014 年实际增长率降低与我国宏观经济和行业发展新常态密切相关，2014 年建筑业总产值 176713 亿元，同比增长 10.2%，但 2011～2013 年每年增长率都在 15% 以上。结合营业收入增长率为负值的 13 家建筑业上市公司年报发现，在外部环境低迷的情况下，传统施工项目中标减少明显，新签合同额大幅降低。经过外部环境变化和上市公司调整增长策略，建筑业上市公司逐步朝着可持续增长方向发展。

4.4　实证结论

在对沪深两市建筑业上市公司可持续增长率和实际增长率进行分析后，发现 2011～2014 年总体未实现可持续增长，且实际增长率大于可持续增长率，即实际增长速度过快，一定程度上过度消耗了企业财务资源。2014

年在实际增长率大幅下降的情况下，基本实现可持续增长。建筑业上市公司可持续增长率比较低，与销售净利率较低直接相关，上市公司还需通过合理经营、加强公司治理等方面提高利润水平。

5　案例分析

为了更好地研究建筑业上市公司财务可持续发展，以中国建筑股份有限公司（以下简称"中国建筑"）为例，研究其财务可持续增长情况。数据为中国建筑 2011～2014 年财务可持续增长数据，其来源为国泰安数据库。

对比 2011～2014 年中国建筑可持续增长率和实际增长率发现：4 年间可持续增长率在 19% 左右；2011 年实际增长率较高，2012～2014 年实际增长率略低于可持续增长率；2011 年二者相差较大，2012～2014 年二者非常接近，基本实现财务可持续增长。见图 3。

2011 年国际经济结构和竞争格局调整，国内宏观经济和房地产调控加剧，铁路及建筑市场萎缩，中国建筑实现营业收入逆势上涨。但是过高的增长是以低利润为前提，期间管理费用同比增长 21%，财务费用同比增长 203.4%，资产负债率达到 76.2%，逼近国资委监管红线。该年度过度增长，急剧消耗财务资源，未实现财务可持续增长。

2012 年营业收入增长 16.3%，同比上年下降明显，但是净利率同比上升 0.1 个百分点，财务费用增速放缓。主要因为中国建筑调整经营战略，房屋建筑业务实现大市场向区域化市场、大业主向合作型业主、大项目向效益型项目的优化转变；房地产业务加快项目开发速度，缩短开发周期，加快现金回款速度，降低财务费用。

2013 年宏观经济状况逐渐好转，营业收入增长 19.2%，接近财务可持续增长率，净利率同比上升 0.3 个百分点。主要因为在房建

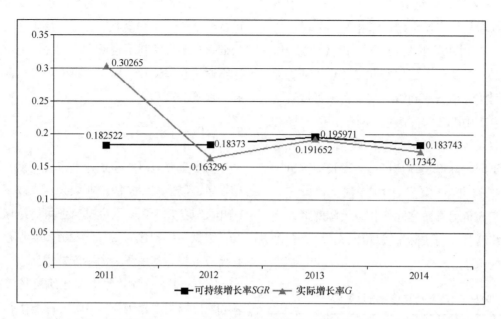

图 3　中国建筑 2011～2014 年可持续增长率与实际增长率变化趋势图

业务实施"突破高端、兼顾中端、放弃低端"的敬业战略，基础设施业务加强成本和效益核算，该年度实现经营业绩稳步增长。

2014 年国际经济环境复杂多变，新型经济体增长放缓，中国经济增长从高速转向中高速，中国建筑实现营业收入增长 17.3%，略低于可持续增长率，净利率同比下降 0.16 个百分点。房建业务方面持续推进以项目成本管控为重点的标准化和信息化建设，提升了公司经营质量。基建业务方面灵活使用信托、保险、担保、PPP 等金融手段和工具，扩展了融资渠道，财务资源得到扩充。房地产业务注重经营把控，提升资产运营效率，加快资产周转速度。该年度基本实现财务可持续增长。

在技术创新方面，中国建筑一贯重视创新，公司从决策机制、实施体系、执行机构，到资金投入、过程管理、业绩考核、人才激励等诸多方面不断完善，建立了有效的研发体系。从表 6 可以看出，中国建筑每年研发支出都在增加，研发支出总额占归属上市公司股东净资产比例在 4%～5% 之间，研发支出总额

占营业收入比例不到 1%，而发达国家研发支出占营业收入比例在 3%～5% 之间。建筑业上市公司实现可持续增长需要技术创新驱动，中国建筑还需在技术创新、科技研发方面增加投入，以实现更高速的可持续增长。

2011～2014 年中国建筑研发支出　　表 6

项　　目	2011 年	2012 年	2013 年	2014 年
费用化研发支出（千元）	4132916	4878267	5475122	5680341
资本化研发支出（千元）	—	—	—	—
研发支出合计（千元）	4132916	4878267	5475122	5680341
研发支出总额占归属上市公司股东净资产比例（%）	4.6	4.8	4.6	4.1
研发支出总额占营业收入比例（%）	0.8	0.9	0.8	0.7

6　结论与建议

6.1　研究结论

本文首先分析了建筑业上市公司发展现状及普遍存在的问题，然后运用希金斯可持续增长模型，以2011～2014年沪深两市建筑业上市公司财务数据为样本，采用威尔科克森秩和检验方法实证研究，对可持续增长率与实际增长率间差异进行分析，结果表明，二者之间存在差异，但逐渐接近，2014年基本实现财务可持续增长。文章最后以中国建筑股份有限公司为案例，分析其实现财务可持续增长的过程。

6.2　措施与建议

（1）提高盈利能力，重视成本控制。大部分建筑业上市公司存在实际增长率高于可持续增长率的问题，会导致财务资源使用紧张，甚至出现现金流短缺。提高建筑业上市公司盈利能力可有效缓解快速增长带来的资金压力，为公司发展提供源源不断的内源性资本，保证长期可持续增长。同时应对经营战略进行调整，剔除效率低下的非核心业务，支持核心业务的发展，还可以适当降低过快增长的速度。

（2）优化资本结构，降低负债比例。高负债比例的资本结构虽然可以通过财务杠杆为企业带来收益，但也会使企业面临较大的财务风险。因此，进入成熟期的企业可适当降低资本结构中的负债比例，降低财务杠杆，实现债务结构的优化。公司还可以采用其他融资模式，比如信贷、保险、担保、BOT、PPP等模式，也可以降低负债比例，隔离债务风险。

（3）合理安排股利政策。股利政策不仅影响股利的发放水平，而且决定了由内部生成的权益资本用于公司再投资的金额。当实际增长超过可持续增长率时，可以采取发行新股或提高财务杠杆、削减股利支付率以提高公司内部盈余资金；当实际增长率低于可持续增长率时，可以通过提高股利支付率或回购股票把多余的现金还给股东，达到避免浪费企业资源的目的。企业应在收益留存和支付之间进行合理权衡，最终应依靠增加盈利来处理好分配和发展的关系。

（4）增加研发投入。研发投入是企业创新的源泉，也是财务可持续发展的重要保障。创新的过程是曲折漫长的，不能急功近利，一蹴而就。为了防止创新成果夭折，避免创新投入对研发过程中财务持续发展能力产生负面影响，可以对部分创新投入资产化，并加强对企业技术与管理创新的成果化。

参考文献

[1]　国泰安数据服务中心［EB/OL］. http：//www.gtarsc.com/Home. 2015.
[2]　Higgins Robert C. Sustainable Growth Under Inflation［J］. Financial Management，1981，10（4）：36-40.
[3]　住房和城乡建设部计划财务与外事司中国建筑业协会. 2014年建筑业发展统计分析［J］. 工程管理学报，2015（03）.
[4]　罗伯特C希金斯. 财务管理分析［M］. 北京：北京大学出版社，2009.
[5]　Van Home，James C. Sustainable Growth Modeling［J］. Journal of Corporate Finance，1988，1（Winter）：19-25.
[6]　时立文. SPSS19.0统计分析从入门到精通［M］. 北京：清华大学出版社，2012.
[7]　王茜，王永德. 农业上市公司可持续增长实证分析［J］. 黑龙江八一农垦大学学报，2014，26（4）：108-111.
[8]　薛留根. 现代非参数统计［M］. 北京：科学出版社，2015.

财经类院校工程管理专业人才培养定位问题研究

李玉龙　汪　涛　李桂君

（中央财经大学管理科学与工程学院，北京 100081）

【摘　要】　具有资本运作与综合财务管理能力的人才缺乏是当前我国工程管理人才培养的一个突出问题，财经类院校应该为解决该问题发挥重要作用。首先，在系统总结当前财经类院校开办工程管理专业的现状基础上，完成了财经类院校开办工程管理专业的 SWOT 分析。进而定义并提出了财经类院校开办工程管理专业的特色内涵和开办工程管理专业的培养目标，并说明了财经特色工程管理人才的能力维度和知识结构。最后，从以社会服务为导向带动教学与科研工作、改革现在培养学生的导师制为导师团队指导、构建校际间的竞争与合作共享机制、定期发布工程管理教育发展现状报告等方面提出了推动我国工程管理人才培养和实现财经特色工程管理人才培养定位目标的策略建议。

【关键词】　工程管理；人才培养；教育；财经类院校

Positioning Research on Personnel Cultivation of Engineering Management in Financial and Economic Colleges and Universities

Li Yulong　Wang Tao　Li Guijun

(School of Management Science and Engineering, Central University of Finance and Economics, Beijing 100081)

【Abstract】 Lack of capital operation and comprehensive financial management personnel is the current outstanding problems of engineering management education. Finance and economics colleges and universities should play an important role in solving the above problem. Firstly, on the basis of summarizing the current situation of engineer management education for finance and economics colleges and universities, the SWOT analysis that finance and economics colleges and universities run engineer management education is completed. And then, the characteristics and cultivation purposes of engineer management education in finance and Economics Colleges are defined，and the ability and knowledge structure of the personnel cultivation are explained in detail. Finally，the strategy of the promoting China's engineering management personnel cultivation and achieving objectives on personnel cultivation of engineering management education for financial characteristics are proposed from five aspects that include specially relying on social services to promote teaching and research work，reforming the tutor independent guidance system into team guidance system，establishing the mechanism of competition and cooperation among colleges and universities，publishing regularly the report on the development situation of engineering management education and so on.

【Keywords】 engineer management；personnel cultivation；education；finance and economics colleges and universities

1 问题提出背景

中国在 2011～2013 年里消耗的水泥量比美国在整个 20 世纪所使用的量还多，足见近年来我国各类建设的规模之庞大。[1] 庞大的工程建设规模导致近年来我国各类高校纷纷开办工程管理专业。2003 年之前我国设置工程管理专业本专科层次的院校共有 212 所[1]，而到 2014 年 5 月全国有近 400 所高校开设工程管理专业[2]。相对于工程管理专业人才培养的数量，当前我国工程管理人才的培养质量值得深思。截至 2015 年 6 月通过住房和城乡建设部工程管理专业评估的仅有 37 所[3]，其中具有财经背景的高校仅有两所。我国工程管理教育在人才培养质量上任重而道远，作为没有工程学科作为支撑的财经院校开办工程管理专业则显得尤为艰巨。特别地，"中国经济呈现新常态"的背景下，工程管理专业毕业生将面临巨大的就业压力。毕业生的培养质量将成为各高校工程管理专业能否开办的唯一理由。财经院校工程管理专业的何去何从：是因循传统理工科院校开办工程管理专业的模式，还是探索一条具有财经特色的工程管理专业人才培养模式，亦或退出工程管理专业的办学原则，已经成为摆在财经院校工程管理教育工作者面前的不可回避的问题。基于此，本文着重探讨财经类院校工程管理人才培养的战略定位问题，以期有助于财经院校怎样在众多开办工程管理专业的高校找到本应该属于自己的位置，并从战略的角度支撑我国工程管理人才培养质量的提升。

2 有关研究文献综述

近十年来有关我国工程管理教育的标志性研究成果就是 2006 年由朱高峰院士、王众托院士牵头的中国工程院咨询项目《中国新型工业化进程中工程管理教育问题研究》[1,2]，该报告系统总结和评价了我国当时工程管理教育的现状、存在的突出问题并给出了明确的发展建议。如今该报告已经发布十年，其中有些问

① http：//www. washingtonpost. com/news/wonkblog/wp/2015/03/24/how-china-used-more-cement-in-3-years-than-the-u-s-did-in-the-entire-20th-century/

② http：//app. dlut. edu. cn/print. php? contentid＝55628

③ http：//www. mohurd. gov. cn/jsrc/zypg/201506/t20150609_221175. html

题已经或多或少地得到解决，然而在新的问题不断出现的情景下，一些老的问题还没有解决，如该报告明确提出的"国际化人才培养"、"资本运作能力欠缺"等问题。该报告的发表也引发了广大工程管理教育者对于工程管理人才培养的热烈探讨，并发表了一大批关于工程管理教育的文章。从整体上看，有关工程管理教育研究的文章可以概括为两类，一类是人才培养战略方面的，着重探讨工程管理人才的培养目标和人才能力构成，即应该培养什么样的工程管理人才；而另一类则是战术性质的，着重探讨培养目标下的人才培养手段，关注教学手段与方法、课程体系建设等方面的研究。基于本文的研究目标，以下着重总结近年来有关财经类院校工程管理人才培养的相关研究。在人才培养定位方面，缪燕燕较早提出了财经院校应发挥自身资源优势，培养具有"财经特色"的工程管理专业人才[3]；而后李靖华系统分析和对比了财经类院校工程管理专业开设情况，也提出了财经类院校工程管理专业建设中各校应明确特色办学主张[4]；王立国则较为明确提出了财经院校工程管理专业的特色是什么和怎样打造特色，强调了财经院校应该怎样"扬长避短和突出优势"，也指出了"授予院校课程设置的自主权"是无工程背景的财经院校办好工程管理专业的重要手段[5]。相较于有关财经工程管理人才培养战略方面的研究，有关人才培养手段的探讨则更为丰富：王立国等较早地探讨了怎样将财务、金融知识整合到工程管理专业的课程体系的问题[6]；武献华、王来福以财经学校为背景阐述了我国工程管理专业教育教学手段改进的方向[7]；张建新、刘禹等则探讨了怎样设计财经院校工程技术类课程教学体系[8]；陈小波、张建新探讨了怎样将BIM技术用于改善财经类高等院校工程管理专业缺少工程实验室和实习条件的问题[9]。此外赵艳华等、张素姣等对于怎样构建财经类院

校工程管理专业的实践教学体系问题进行了探讨[10,11]。

综上对有关文献的梳理，可以得出的基本结论是财经类院校关注工程管理人才的培养但集中在战术层面，而关于人才培养战略定位则相对较少。虽然有一些财经类院校提出了财经特色人才培养的概念，但是怎样打造特色和定位特色的相关研究还很少，对财经特色的认识还存在不足。笔者认为财经特色人才培养定位，应突破院校个体的概念，站在整个中国工程管理教育角度去看待，而财经特色人才培养是财经类院校的历史责任。

3 财经类院校开办工程管理教育的现状与 SWOT 分析

3.1 财经类院校工程管理教育的开办状况

所谓财经类院校是指以财经类专业为主要学科的院校。这类院校绝大多数都是在新中国成立后根据国家与地方的经济管理人才发展需要依托财税、金融、贸易、供销等行业部门建立起来的，在 2000 年高等教育管理体制改革之前，这类学校大都分别隶属各级政府所属的行业部门管理。其中老牌财经类院校开办工程管理专业绝大多数来自于 1998 年国家专业目录调整之前的基建财务与信用、基建会计等专业。参照百度百科对财经类院校的划分与统计，到 2015 年 8 月我国招收本科生的财经类院校约为 50 所，在这些财经类院校中约有一半开办工程管理专业。表 1 出示了 22 所财经类院校开设工程管理专业的基本情况。

根据表 1，按地域经济发展水平来看，中西部地区有 4 所，中部地区有 7 所，东部地区有 11 所院校开办工程管理专业。从依托学院来看有 14 所是依托在以管理科学与工程或工商管理等一级学科为背景的传统意义上的管理学院，而依托在经济学科背景下的有 2 所，依

托在工学为背景的学院有 3 所，依托在城市管理学科背景下的有 3 所。从研究生的招生能力上来看，几乎所有学校都可以招生硕士研究生且相当一部分是管理科学与工程学科的硕士点，但是明确可以招生博士的院校从相应网站的介绍来看，均依托在经济学的博士点名下。从培养特色方向来看，一个突出的特点就是层次和办学实力相对较高的学校都明确提出了带有"投融资"、"造价"、"财务"、"审计"等特色方向的建设。而办学规格和层次相对较低的绝大多数院校从其培养方案和招生宣传上并没

有提出明显的特色方向，在其培养方案的培养目标上普遍写有类似"培养工程建设领域，投资管理领域，房地产开发经营领域从事项目决策和全过程管理，能够在物业管理行业从事物业运营管理的复合型高级管理人才"的字样；显然这种高大全的培养目标并没有与传统理工科院校的培养目标区别开来，也无从谈起"特色"。所以对于财经类院校的财经特色必须从一个新的角度去认识，否则特色将无从谈起，与传统理工科人才培养无差异的特色或没有发挥财经优势的特色不能是真正的"特色"。

财经类院校开设工程管理专业的基本情况 表 1

序号	院校	依托学院	是否有硕士授予权	明确的细化方向特色	相关专业情况
1	中央财经大学	管理科学与工程学院	是 **	工程投资与造价 投资项目管理	***，****
2	中南财经政法大学	金融学院	是 **	投资与工程造价 建设财务与投融资管理	***，****
3	上海财经大学	公共经济与管理学院	是 **	未招生	***，****
4	东北财经大学 *	投资工程管理学院	是 **	投资与工程造价	***
5	江西财经大学	旅游与城市管理学院	是 **	投资与工程造价 工程财务与审计	***，****
6	山西财经大学	管理科学与工程学院	是	无明确提及财经特色	***
7	天津财经大学	商学院	是 **	无明确提及财经特色	—
8	安徽财经大学	管理科学与工程学院	是 **	无明确提及财经特色	—
9	山东财经大学	管理科学与工程学院	是	无明确提及财经特色	—
10	哈尔滨商业大学	能源与建筑工程学院	是 **	无明确提及财经特色	****
11	河南财经政法大学	工程管理与房地产学院	是 **	无明确提及财经特色	***
12	贵州财经大学	管理科学与工程管理学院	是 **	工程项目组织与管理 工程造价管理	***
13	云南财经大学	城市与环境学院	是 **	无明确提及财经特色	***
14	浙江财经大学	城乡规划与管理学院	是	工程建设与城市管理	****
15	浙江工商大学	工商管理学院	是	无明确提及财经特色	
16	重庆工商大学	管理学院	—	无明确提及财经特色	
17	河北经贸大学	管理科学与工程学院	—	无明确提及财经特色	

续表

序号	院校	依托学院	是否有硕士授予权	明确的细化方向特色	相关专业情况
18	天津商业大学	商学院	是	无明确提及财经特色	
19	内蒙古财经大学	工商管理学院	—	无明确提及财经特色	***
20	南京审计学院	工学院	—	工程审计	***
21	山东工商学院	管理科学与工程学院	是	无明确提及财经特色	***
22	郑州航空工业管理学院*	土木建筑工程学院	是	无明确提及财经特色	*** , ****

注：* 号院校为通过住房和城乡建设部评估的院校；** 为有博士授予权，但均在经济学学科下招生；*** 表示该院还开办有工程造价、房地产经营与开发、物业管理等与工程管理专业直接相关的专业；**** 表示该学院设有投资学、土木工程、城市规划等与工程管理弱相关的专业；一代表在网上未查阅到直接相关材料。

3.2 财经类院校开办工程管理专业的特色与 SWOT 分析

下面着重探讨一下目前财经类院校工程管理专业的特色方向，如前述的"投融资"、"造价"、"财务"、"审计"等特色方向。笔者认为相对于其他财经特色而言，以"工程造价"作为培养特色还明显不够"特"，也即未体现财经类院校的特色，这只能说培养目标方向明晰。这主要是因为目前工程造价专业已经被单独设立，如果以"造价"为特色还不如开设工程造价专业；二来工程造价，特别是工程概预算以及施工成本控制的造价管理上也是需要很强的工程技术教学作为支撑，以"工程造价"为特色且在办学口碑上最好的学校大都在一些传统理工科院校。笔者认为前述财经类院校提出的所谓"造价"特色实质上只是迎合了人们一提到造价就与"钱"有关的一种直觉，而与"钱"最密切相关的就是财经类院校，所以说财经类院校打造所谓工程造价特色，本身并不是财经特色优势所赋予的。而相对于"投融资"、"财务"、"审计"等这才是财经类院校开办工程管理专业的真正特色，因为这是其他理工科院校所不具备的。所以中南财经政法大学的"建设财务与投融资管理"、江西财经大学

的"工程财务与审计"以及南京审计学院的"工程审计"才真正称得上所谓的财经特色或者说其他相关院校在去除"造价"后的"投资"才具备所谓的财经特色，如中央财经大学的"投资项目管理"等。所以笔者认为，财经特色应该体现在借助所属院校的强大财经学科背景基础上建立起来的特色，而从工程项目的全寿命周期来看，这种财经特色的学科或知识特点更适合于工程项目决策阶段的人才培养，比如工程项目的投资决策和融资管理主要发生在业主方和项目的决策阶段；或企业层对项目的财务监管和后评价，比如财务管理或工程审计等。所以，财经特色优势的发挥应该扬长避短，应借助自身财经学科背景优势去填补工程管理人才培养的空白。解决本应该由财经类院校去完成的人才培养任务的特色才能真正称得上财经特色的工程管理人才培养。结合大中型工程项目不同生命周期阶段对于管理人才知识结构的知识需求特点（表2）和财经类院校开办工程管理专业 SWOT 分析情况（表3），本文认为财经类院校的财经特色工程管理人才培养应着重放在面向工程项目决策阶段的投资、融资决策与资本运作以及实施与后评价阶段的财务与审计管理。

工程项目不同生命周期阶段所需学科知识门类的要求程度对比　　　　表 2

阶段	主要工作内容	经济学 经济、财政、金融学类	法学 民商、经济及相关部门法学	管理学 会计、企业、项目技术经济管理学	工学与横断学科 系统、运筹、计算机和相应工学门类
决策阶段	项目建议书	***	**	**	**
决策阶段	可行性研究	***	**	***	***
实施阶段	设计阶段	*	*	**	***
实施阶段	施工阶段	*		**	***
实施阶段	工程采购	**	**	*	**
后评价与运营阶段	运营维护	***	***	***	*

注：***、**、* 分别代表相应阶段对相应知识门类需求的强、中、弱程度。

财经类院校开办工程管理专业 SWOT 分析与策略选择　　　　表 3

项目	具体表现	策略选择	项目	具体表现	策路选择
优势	财税、经济、金融、会计、工商管理的学科优势	1. 人才培养面向投资决策阶段和实施阶段的财务与信用监管 2. 就业领域以建设单位、金融机构的固定资产投资部门和高端工程咨询机构和企业总部为主 3. 以投资决策评估、工程产品需求策划、资本运作、工程财务作为能力品牌	机会	财经特色工程管理专业的格局并未形成	1. 满足社会需求的差异化战略 2. 树立专业品牌意识和竞争意识 3. 全方位的宣传与推广策略 4. 以人才培养为导向的人才晋职机制 5. 就业、升学与出国深造三位一体的服务机制 6. 与财经优势学科有机融合
优势	财政、金融、投资领域的校友资源		机会	同档次高校处于一个开放平等的竞争平台	
优势	相较于同档次理工类院校的优秀生源		机会	建设领域对资本运作和工程财务人员的需求	
劣势	工程技术类教学师资不足		威胁	有利于理工类高校的专业评估与评价标准	
劣势	对高端工程科技人才引进吸引力不高		威胁		
劣势	工程技术课程教学实验设备与实验室缺乏		威胁		
劣势	招生校内调剂生对工程类知识学习兴趣不足		威胁	科研导向的教师晋职考评机制	
劣势	在工程建设领域缺乏有影响力的励志校友		威胁		

4 财经特色工程管理专业人才的培养目标与内涵

4.1 面向工程投融资决策与财务信用管理的人才培养目标定位

　　基于前述分析，本文认为财经类院校开办工程管理专业的人才培养应该结合自身优势和当前工程管理人才的需求，定位在"面向工程项目决策阶段的投资、融资决策和实施全过程的工程财务管理以及工程财务的审计与监察管理"。这样的定位不但能够避免与理工类院校人才培养的竞争，体现财经学校的财经特色，而且能够更好地找准财经类院校在所有工程管理专业招生院校中的位置。除此之外，明确提出财经特色的定位，还能够吸引更多的考生主动和真心来报考财经院校的工程管理专业，这样也为迎接未来"专业＋学校"的高考招生模式给财经类院校工程管理专业招生带来的挑战做好积极准备。

4.2　财经特色人才培养目标的内涵

　　财经特色人才培养的定位并不是脱离了当前工程管理专业人才培养方案的要求。为了更好地理解财经特色人才培养目标的内涵。我们必须更好地理解工程管理专业的内涵。首先工程管理不是工程实施阶段的项目管理。一段时间以来，甚至到现在都有很多高校都在按照工程项目管理的模式和理念在开办工程管理专业，在课程教学和人才培养上忽视了决策阶段对于影响项目成败关键地位的认识。其次，工程管理不是建筑或土木工程管理。就目前工程管理办学实际来看，绝大多数把工程管理的"工程"定位在民用建筑工程上，这显然是不对的。从狭义上讲前述的工程起码还应该包括公路、铁路、港口、水电、市政等大建设领域所涉及的工程，而从广义上讲工程还包括工业工程、环境工程等非大建设领域的工程。所以，对于工程管理的"工程"的理解起码应该扩充到大建设工程领域，这样也有助于理工类院校基于自身行业背景特色开办有自身特色的工程管理专业。最后，需要强调的是工程造价不是财经类院校天然具有的特色属性。必须认识到投资与造价的"造价"并不是概预算或者是工程的施工阶段的成本管理，"造价"不是造价员的造价，而应该是工程项目全寿命期的造价管理；尤其是对于财经类院校而言，应该着重强调投资决策阶段的造价管理与控制，这不是工程图纸造价的概念，而应是结合工程项目规模以及产品定位而进行的项目全寿命期造价控制。综上，财经特色工程管理人才的培养或者说工程管理专业特色人才的培养必须建立在对工程管理全寿命周期知识特点认知以及工

程的定义和不同工程门类进行管理需要不同知识的特点上进行。财经特色工程管理人才的培养，特就特在了财经类院校开办工程管理专业对其经济、财政、金融以及会计和企业管理等优势学科的最大限度发挥，而上述优势学科的发挥主要集中在工程决策阶段和企业对项目的财务与信用管理。

4.3　财经特色工程管理人才能力维度与知识结构

　　围绕面向工程投融资决策与财务信用管理的特色工程管理人才培养必须强化如下知识门类的教学，并培养灵活运用与创造性运用相应知识的能力。具体包括如下几个方面：

　　（1）工程项目产品的市场需求判断能力。该能力的培养不但要求学生全面系统掌握市场营销等工商管理学科的基础知识，而更重要的是突出不同目标人群对工程产品的需求以及工程产品特殊性的理解。特别地对于公共基础设施类产品还涉及了政治、经济、社会与环境的综合判断。

　　（2）重大工程项目对政治、经济、社会与环境影响的综合评价能力。重大工程市场需求不是决策的唯一依据，基础设施性质类的特大工程会严重关系到国家的政治与宏观经济发展，同时对于社会发展的方方面面以及自然环境甚至军事与国家战略安全都有着重大影响，比如三峡大坝、南水北调、青藏铁路等，所以在知识结构上还必须强化经济、社会、环境以及政治等方面的学科知识的综合运用，树立培养高端决策人才的理念。

　　（3）以项目资本运作为核心的财务管理能力。从事和能够胜任资本运营工作的人一定是企业经营管理的顶级人才。做好工程项目的资本运作不但要懂企业管理还要懂项目治理，更要拥有宽厚的财务管理知识和广博的宏观金融与微观金融知识。我国工程管理领域一直缺乏

优秀的资本运作人才，特别是在实施"一带一路"国家战略与成立亚洲基础设施投资银行的背景下，资本运作人才的培养则显得愈加关键与重要。

（4）既懂工程造价又懂财务会计的全面从事信用监管工作的能力。我国独特的工程项目经理制度要求企业层面对工程项目必须拥有强大的监管能力，这不但要求监管人员懂的工程造价能够进行成本管理，而且还要求监管人员懂得会计操作，这样监管人员才能更好地理解和处理固定资产再生产过程中资金所体现的各种经济关系，从而完成对工程项目从资金的筹集、分配、供应、管理的监督工作。

上述能力的实现不但需要深入科学的教学方案，更需要既懂理论又懂实践操作的师资团队。教学方案是顶层设计，是目标实现的前提，而师资团队的满足要求又是目标实现的关键和基础。对于教学方案的设计必须提高院校的自主权，并引入第三方评价机制，深入评价特色教学方案的科学性；对于师资团队的建设应该不断加大业界专家及专门科研人员的比例，提升实践教学能力的同时也强化院校对社会服务的输出能力。

5　实现财经特色工程管理人才培养定位目标的策略建议

财经特色工程管理人才的培养必须植根于当前工程管理领域人才培养的现状，还要结合高校的实际情况，不回避问题并敢于突破旧有框架才能培养出顶天立地的工程管理人才。结合以往研究，本文从宏观上提出如下策略建议。

5.1　以社会服务为导向带动教学与科研工作

工程管理专业是一门偏重应用的学科，必须充分发挥服务社会的横向课题对于教学、科研的重要作用。通过有价值的横向课题推进教学将更有助于教师的培养，也将推动学生对于业界前沿动态和实务技能的增长；通过有价值的横向课题发现和解决工程管理领域的科学问题，不但会产生巨大的社会价值，而且也是科研的目的。而以社会服务为导向带动教学与科研工作的横向课题的价值含量必须有一个科学的评价机制，必须认清横向课题不是以挣钱为目的、也不能有钱就挣，财经类院校应该围绕财经特色的人才培养定位，积极通过竞争争取到服务行业内优秀企业以及政府部门的前沿横向课题，去带动自身专业的教学与科研发展。

5.2　改革培养学生的导师独立指导为团队指导

教学、科研、服务社会的三位一体才能更好地培养人才，而三位一体的实现必须打破高校教师个体户式经营的单打独斗，尤其是在人才培养上要尽量避免独立导师指导的制度。个体户式的单打独斗在财经院校的工程管理专业尤为突出，虽然很多高校已经实行导师-学生双选制，但是这本身并没有完全解决囿于导师能力水平、专长领域的限制而对学生指导带来的不足。通过团队化或成立类似指导委员的模式培养学生，不但能够规避个人指导的不足，而且还能够更好促进教学与科研团队的建设。一个在知识结构、专长分工优势上互补的团队通过承接有价值的纵向和横向课题，不但能够提高教学而且将更有助于指导学生完成有价值的论文，并提升学生对社会的认知感、职业感、团队感。

5.3　构建校际间的竞争与合作共享机制

除少量985高校外，我国开办工程管理专业的大多数高校都是为所在区域或所属行业培养人才，而且在某一区域开办工程管理专业的院校有多所且背景优势和层次各不相同。对于培养目标完全同质化的院校必须鼓励竞争以推进各自的发展与进步。而对于特色互补、层次差异较大的院校应建立共享机制，比如理工科院校可以为财经院校提供设备、实验室的支持，而财经院校可以加强对理工科院校财经课程的支持。较高层次的 985、211 院校可以与一般本科院校共享讲座、优秀师资、图书资料、实验设备等资源，尽可能为一般层次的高校在工程管理人才培养上提供支持，为一般工程管理人才的跃迁提供可能。在不同区域 985、211、一般本科、职业技术学院的金字塔结构已经呈现，但这种金字塔结构不应该是一个学术资源的分配机制，也不应是学术权力的金字塔，而应该是良性竞争与共享合作的金字塔。

5.4 定期发布工程管理教育发展现状报告

教育部的管理科学与工程类专业教学指导委员会和住房和城乡建设部的高等教育工程管理专业评估委员会是目前对工程管理专业的发展影响最大的两个政府背景的机构。中国建筑学会、中国土木工程学会都下设有与工程管理密切相关的分支委员。上述委员会、协会在发展工程管理教育上均应承担一定职责，但对我国工程管理教育的发展情况的常态化评估与评价报告发布的职责却至今无人承担。到目前为止，对我国工程管理教育有影响的调查与研究工作一个是 2006 年中国工程院咨询课题《中国新型工业化进程中工程管理教育问题研究》，另一个是国家自然基金委在 2008 年立项了《我国工程管理教育现状与发展策略研究》课题，而上述工作的完成到现在已经有将近 10 年的时间，工程管理教育所面临的形势已经发生很大变化。目前迫切需要有专门的机构承担定期发布工程管理教育发展现状报告或制定工程管理教育发展战略的职责，以指导工程管理教育的发展。各类不同层次、背景的高校只有

更好地了解整个工程管理教育的问题，才能更好地制定出自己特色化、差异化的人才培养方案。

6 结论

财经类院校办好财经特色的工程管理专业是我国工程管理专业教育所赋予的历史责任。财经类院校不应因循传统理工科院校工程管理专业的人才培养模式和培养目标，更不应该随波逐流培养无差异、无特色的低端工程管理人员，而应瞄准我国工程管理领域对资本运作与财务管理以及投融资决策人才的重大需求，紧紧抓住财经特色去定位培养工程管理人才，发挥财经学科专业背景优势，创新财经特色内涵，为推动行业发展做出贡献。本文在系统总结前人有关文献和梳理当下财经院校开办工程管理专业的现状基础上，对财经类院校开办工程管理专业的优势、劣势、机会、威胁进行了分析，从工程管理教育发展战略的高度定义和解释了财经特色的培养目标与内涵，强调财经特色不是工程造价，而人才培养也不应该是培养项目成本经理。同时基于财经特色的人才培养目标，阐述了财经特色工程管理专业人才培养应该侧重的能力维度和知识结构，并提出了办好财经特色和推动工程管理教育的对策建议。本文疏漏和不足在所难免，希望有关论述能够引起广大学者，尤其是财经院校的教育工作者对工程管理专业人才培养的探讨。

参考文献

[1] 中国工程院课题组. 中国新型工业化进程中工程管理教育问题研究(上)[J]. 高等工程教育研究, 2010, (4): 1-10.

[2] 中国工程院课题组. 中国新型工业化进程中工程管理教育问题研究(下)[J]. 高等工程教育研究, 2010, (5): 12-21.

[3] 缪燕燕. 关于财经院校工程管理专业学科建设

的思考[J]. 高等建筑教育，2002（2）：41-43.

[4] 李靖华. 财经类院校工程管理专业开设情况分析[J]. 高等建筑教育，2006，15(1)：41-46.

[5] 王立国. 工程管理本科专业的培养目标和课程设置思考[J]. 高等建筑教育，2008，17（2）：4-7.

[6] 王立国，高平. 关于工程管理专业课程整合的思考[J]. 东北财经大学学报，2007，（3）：92-95.

[7] 武献华，王来福. 工程管理专业教学手段研究[J]. 东北财经大学学报，2007，（6）：81-83.

[8] 张建新，刘禹. 财经院校工程技术类课程教学体系设计[J]. 高等建筑教育，2011，20（1）：46-50.

[9] 陈小波，张建新. 建筑信息化环境下财经类院校工程管理专业课程改革研究[J]. 高等建筑教育，2015，24(4)：17-21.

[10] 赵艳华，张婕. 财经类院校工程管理专业实践教学体系构建研究[J]. 中国建设教育，2012，6(6)：67-70.

[11] 张素姣，张晶，阎俊爱. 财经类院校工程管理专业实践教学体系构建[J]. 高等财经教育研究，2014，17(4)：34-38.

公共维修基金应用于青年公寓建设的研究
——基于 PPP 模式

邓小鹏[1]　　阁超成[1]　　高莉莉[1,2]

（1. 东南大学，南京 210096；2. 盐城工业职业技术学院，江苏盐城 224000）

【摘　要】　为解决公共维修基金的保值性问题及大学毕业生低收入群体的过渡性住房问题，本文提出在 PPP 模式下将公共维修基金应用于青年公寓的建设，在解决青年公寓建设资金不足的同时实现公共维修基金的保值增值。首先对公共维修基金的投资方式进行了可行性分析，然后提出了 PPP 模式下青年公寓的运行模式，包括青年公寓的设计、租金制定和管理方式，并结合案例分析了其投资效益。结果认为在 PPP 模式下将公共维修基金应用于青年公寓的建设能达到"双赢"的效果，且有助于完善住房保障体系。

【关键词】　PPP；青年公寓；公共维修基金；保障房

A research on application of public maintenance fund to the construction of youth apartments
——under PPP model

Deng Xiaopeng[1]　　Ge Chaocheng[1]　　Gao Lili[1,2]

（1. Southeast University，Jiangsu 210096；

2. Yancheng Institute of industry technology，Yancheng Jiangsu 224000）

【Abstract】　To increase the rate of value maintaining of public maintenance fund and solve transitional housing problems for low-income college graduates，this paper proposes to apply the public maintenance fund to the construction of youth apartments under the PPP model. While solving the capital shortage in the construction of youth apartments，we should maintain and increase the value of public maintenance fund. On the basis of discussing the feasibility of investment method for public maintenance fund，this paper proposes the operation mode of youth apartments including its design，rent，management system，and investment benefits based on a case study. The conclusion indicates that the application of public maintenance fund to the construction of youth apartments is a rational way to achieve a "win-win" situation and to improve the low-income housing system.

【Keywords】 PPP；youth apartments；public maintenance fund；low-income house

1　引言

公共维修基金是购房者在购房时缴纳的用于房屋公共设施、设备在责任缺陷期满后维修、更新的资金，资金由小区业主大会支配使用。现阶段公共维修基金在使用的过程中面临着许多问题，其中一方面就是资金闲置、保值增值性差的问题。同时，大学毕业生低收入群体处于进入社会的过渡阶段，住房问题是制约该群体发展的重要因素，青年公寓的建设能够有效地解决该群体的过渡性住房问题，而困扰青年公寓项目的瓶颈在于资金不足。本文研究PPP模式下将公共维修基金应用于青年公寓的建设，在解决公共维修基金资金闲置、保值增值性差问题的同时完善住房保障体系。

2　问题的提出

2.1　公共维修基金的保值增值性问题

1998年，建设部、财政部发布了《住宅共用部位、共用设施设备维修基金管理办法》，自此，公共维修基金开始缴纳，并逐渐演变为房屋办理产权证时必须缴纳的费用之一。随着商品房市场的不断发展，住房维修基金的归集额不断增大，截止到2013年底全国缴纳的"公共维修基金"总额已超万亿元[1]。根据2002～2014年《北京市房地产年鉴》公布的数据，统计得到如表1的2001～2013年北京市"公共维修基金"归集信息。

表1的数据显示：截止到2013年底，仅

2001～2013年底北京市"公共维修基金"归集信息　　　　　　　　　　表 1

年份	2001	2002	2003	2004	2005	2006	2007	2008	2009	2010	2011	2012	2013
数额（亿）	4.2	11.9	23.9	41.8	85.6	119.6	153.8	183.5	220.6	269.2	301.4	333.0	363.6

北京市的"公共维修基金"归集额已超过350亿元，并保持较快的增长趋势。

由于公共维修基金被视为住宅的"养老看病钱"，各方对此都比较谨慎。由于小区业主的专业素质参差不齐，对维修基金的用法和保值增值方式难以形成一致的意见[2]。政府对基金投资管理的风险过分关注，也采取谨慎的态度，在法律规范中仅仅指出了买国债的方式[1]。截止到2013年底北京市累积使用"公共维修基金"7.8亿元，使用率仅为2.1%[3]，而全国"公共维修基金"平均使用率不足1%[1]。全国过万亿的"公共维修基金"目前大多数停留在"活期存款"或"短期存款"的

账户上，造成了资金的积压和浪费。结合现行的通胀情况，资金其实在不断地缩水。

2.2　低收入大学毕业生群体的住房问题

2.2.1　该群体的住房现状

该群体受教育程度较高，主要是毕业5年内的大学生，年龄集中在22～29岁之间。他们大多数从事着专业技术人员、商业服务人员以及办事员的工作，有的甚至处于半失业状态[4]。为了降低生活成本，减少开支，大部分低收入毕业生只能在远离市中心的城乡结合部或农村租房。例如北京的小牛坊村，在这些低收入大学毕业生聚集的地方，出租的房子大多

是原有居民房隔断出的狭小的房间，有些是在原有平房顶上违章搭建的板房，人口稠密，平均住房面积小于 10m² 的比例高达 70%[4]，所租房屋质量差，疏于维修，基本配套设施不全，卫生状况和周围的治安状况差。

近年来大学毕业生人数持续增加，根据教育部公布的数据，大学毕业生人数快速增长，2014 年已超过 720 万。由于中国经济发展不平衡，大部分毕业生聚集在东部经济发达城市和各省会城市，增加了这些地区的住房压力。随着产业升级、劳动密集型产业转型等外部环境的变化，低收入大学毕业生群体的数量将持续增加[5]，这将使该群体面临更加严峻的住房问题。

2.2.2 目前的解决措施及分析

为了解决大学毕业生住房问题，许多地方政府相继采取各种措施。例如：青岛市城阳工业区和黄岛工业区开始探索建造面向低收入大学毕业生的公寓；深圳、上海、苏州等城市也将探索建造针对该群体的公共租房。这些措施能使低收入大学毕业生群体的住房条件得到一定程度的改善，但从长远看，仍然存在着许多不足之处，概括为：

（1）投资主体以政府为主[6]。这种资金筹措方式给政府带来了巨大的财政压力，缺乏内在动力，是不可持续的。

（2）企事业单位自建。这种方式对解决整个社会问题不具有普遍适用性，因为只有少数企业具有自建的能力。

在国家政策方面，住房和城乡建设部于2014 年 6 月 24 日出台了《关于并轨后公共租赁住房有关运行管理工作的意见》，该意见规定保障性住房的保障对象应包括大学毕业生低收入群体，这将有助于提高该群体的住房条件，但是现有的保障性住房数量无法满足低收入家庭和每年数百万计的应届毕业生的住房要求。

3 PPP 模式下引入公共维修基金的青年公寓运作模式设计

现阶段住房问题是制约低收入大学毕业生群体发展的重要问题。这个特殊的群体处在走向社会的暂时困难阶段，随着工作经验的积累和个人能力的提高，他们可以逐渐进入发展的正轨。因此，解决该群体在过渡时期的住房问题，不仅能使他们摆脱制约自身发展的障碍，也有利于社会生产水平的提高。本文提出在PPP 模式下将公共维修基金引入到青年公寓的建设，并建立了如图 1 所示的运行机制。

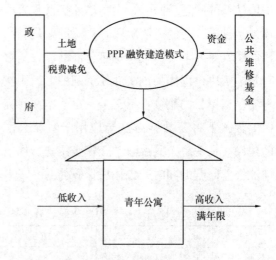

图 1　引入"公共维修基金"的"青年公寓"运行机制

3.1 投资方式及其合理性分析

3.1.1 投资方式

青年公寓的建设用地通过政府划拨的方式获取，为了进一步降低开发成本，政府应减免建造和运营过程中的相关税费，将公共维修基金作为开发资金引入到青年公寓的建造过程中。

从所有权归属看，公共维修基金保值增值的权益主体是全体业主，但一般通过业主大会实现。然而，公共维修基金的使用涉及政策法规、工程技术、成本核算等多方面知识，业主大会往往不具备专业性，因此，引入独立于政府的第三方机构，专门进行公共维修资金的信托经营[7]。现阶段，我国公共维修基金的管理处于初期，政府可以委托资金管理机构进行信托投资或者由业主委员会从政府指定的管理公司中选择进行代理管理和投资。随着业主大会和业主委员会操作机制的完善，可逐步过渡到用私营财产管理机构进行公共维修基金的投资运营，收益归全体业主并用来支付管理费用。既能解决业主专业能力不足的问题，又能有效实现维修基金保值增值。

3.1.2 合理性分析

将公共维修基金引入青年公寓的建设的合理性在于：

（1）目前公共维修基金是业主在购房时，随着房款按照一定的比例一次性交齐的，而新建的房屋在保修期过后的使用初期出现问题的可能性较低，这就导致了资金的大量闲置，不仅造成了资金的积压和浪费，同时也给贪污腐败埋下了隐患。

（2）当新建房屋进入维修高峰期，所需要的资金总量是巨大的。以电梯为例，一部全新电梯的价格一般为20万左右，按照技术标准，电梯使用15～18年即到达强制报废年限，而房屋住宅的有效使用年限为70年，依此推算，在住宅的有效使用年限内至少要更换3次电梯，因此，仅电梯一项就要花费高昂的维修基金，导致小区业主面临多次缴纳住房维修基金的困境。

（3）青年公寓属于租赁用房，租住对象是暂时处于过渡期但有着较高文化程度的大学毕业生，能够产生长期稳定的租金收入。此外，公共维修基金只用于项目建设，所需投资量与普通房地产开发项目相比较少，对青年公寓设置合理的资金回收期，在规定时间内收回投入的资金，既避免了房屋使用初期的公共维修基金闲置，也降低了资金回收的风险。

3.2 青年公寓设计

建设青年公寓的目的在于向低收入大学毕业生群体提供过渡性的租赁住房，当他们的收入水平提高后，即可以进入商品房市场体系，因此，应根据具体情况，设计建造适合过渡时期青年人的公寓。

3.2.1 位置选择

青年公寓的位置选择关系到其能否发挥预期作用，以及政府融资的可持续发展问题。城市中心及周边地区交通便利，配套设施齐全，区位优势使城市中心地块的土地出让金比一般地区高出数倍甚至数十倍，出让此处土地会使政府损失优势区位的地价收益，增加政府的资金压力，不利于长远发展。若选在远离城市的郊区或农村，虽然建设费用低，但匮乏的配套设施将导致该群体生活成本的增加，建设目的难以实现。因此可考虑在市郊公交和地铁站点的附近建设青年公寓，通过增加相应线路的公交车数量来解决交通问题。

3.2.2 户型设计

结合青年公寓的建设目的和用途，户型定位应为小户型，面积为20～30m² 左右的单身住房。青年公寓的设计要求简约而不简单，保证功能的完整性，如最基本的厨房、独立卫浴、卧室、阳台、储藏间等，同时结合该群体的特殊身份、知识背景和生活习惯，应设置相应的上网、阅读等功能区域。在保证功能完整的基础上可以对某些区域进行压缩、合并，提高利用效率，例如减少固定墙体隔断，在结构允许的条件下，利用活动隔板和推拉门来实现空间区域的划分，不仅能够实现空间的优化利用，还能减少建设成本。

3.2.3 公共区域设计

小区内应设计相应的商业配套设施，以满足该群体的生活需求。结合该群体的收入及消费水平，商业设施的设计应以中小规模为宜，此外还应设计相应的健身中心和休闲交友中心。为充分利用户外公共空间，可设计室外停车位，对外出租，增加商业性收入。

3.3 租金的制定

租金关系到投资方和消费者的直接利益，是青年公寓项目能否顺利实施的关键，租金的制定受多重因素的影响，主要包括：

（1）投资回收期

结合公共维修基金的特性，即用于新建房屋在缺陷责任期满后公共设施、设备的维修更新，因此，要设置合理的特许经营期以保证及时收回房屋维修所需的资金。显然投资回收期越长，租金水平越低。

（2）收益预期及比例分配

收益比例是政府和公共维修基金投资方在PPP协议中商定的对青年公寓运营收入的支配比例，收益预期是指投资方对青年公寓建设项目投资的收益水平要求，最低要求是获得用于房屋公共设施、设备后期维修、更新的资金。

（3）保障对象的支付能力

青年公寓具有较强的公益性，通过降低大学毕业生低收入群体在住房方面的支出，减轻他们的生活负担，帮助他们渡过暂时的困难时期；因此，在租金制定的过程中要充分考虑该群体的承受能力。

（4）公寓配套的商业收益

结合青年公寓的设计，该项目的收益主要来源于公寓住房租金收益和公寓商业租金收益，其中商业租金收益可按照市场水平收取。该部分的收益水平将影响公寓住房租金的制定。公寓商业收益越高，公寓住房租金越低。

因此，必须制定多方满意的租金，结合上述分析，做出如图2所示的公寓住房租金制定过程。

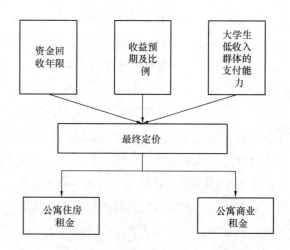

图 2　公寓住房租金的制定过程

3.4 管理方式

青年公寓作为一种循环使用的公共租赁住房，需要设置科学的进入和退出制度。其中，进入制度可以实行申请、核查、公示制度，提出申请的大学毕业生必须填写相关信息，包括工作单位、工作年限、薪资待遇等，并提供相应的证明材料，以确认入住的资格，住房管理机构对申请材料进行审查，并对符合要求的申请人名单进行公示，接受大家的监督。退出机制可以通过合同管理的方式来实现，符合条件的申请人在入住之前与住房管理方签署入住合同，合同中规定最长入住期限，并结合各地实际消费水平设置退出收入标准，当租房者超过入住年限或收入水平高于退出收入标准时，应当退出青年公寓租赁住房体系，以保证其公平性和循环使用性。

4 案例分析

4.1 案例简介

南京岱山保障房项目总建筑面积达到386.73 万 m²，共分为 32 个开发地块，本文选取其中一个地块作为研究对象，该地块人才公寓建筑面积为 11.11m²，配套商业开发面积

8325m²，规划车位 998 个。建设用地由政府提供，正常情况下的开发成本包括建安工程费、拆迁安置费、前期工程费、配套公共设施费、不可预见费、税费等，南京市近两年的平均水平为 4449 元/m²，其中，拆迁安置费、前期工程费和公共配套设施费总计为 1460 元/m²，开发期间税费 420 元 m²；商业租金水平 8 元/m²/天，商业物业管理费为 7 元/m²/每月；小区完全人车人流，停车场对外出租获取收益，停车位租金为 300 元/个/月；公寓房租收入为 30 元/m²/月；运营成本为运营收入的 30%。

4.2 效益分析

通过上述分析，该项目的收益主要有公寓租金收入、商业租金收入、商业物业收入和车位出租收入四部分，综合上述数据计算，年税前收益为 4778.49 万元；为了吸引社会资本的投入，政府对相应税费进行减免，因此开发成本取去除拆迁安置费、前期工程费、公共配套设施费和开发期间税费后的成本即 2569 元/m²；公共维修基金在房屋保修期满后的初期被使用的可能性较低，因此设定投资回收期为 10 年，投资回收期内的资金收益优先偿付公共维修基金，基于以上数据计算该项目的内部收益率，计算方法为：

$$\sum_{t=0}^{P_t} (CI - CO)_t (1 + IRR)^{-t} = 0$$

效益分析结果如表 2，可以看出投资效益是非常有吸引力的，且公寓租金为 30 元 m²/月，设定一套公寓的面积为 20m²，租金水平为 600/月，也是大学毕业生低收入群体能够接受的。

效益分析结果				表 2
税前收益（万）	总投资（万）	税前投资收益率（%）	投资回收期（年）	内部收益率（%）
4778.49	28541.59	16.74	10	10.75

接下来我们从单幢住宅小区的公共维修基金的使用角度来分析。设定一套 30 层商品住宅，每层为 2 户，每户平均面积为 100m²，依照南京市最新实行的《住宅专项维修资金管理办法》，配备电梯房的按所购房屋建筑面积每平方米 120 元的标准缴纳。因此，该小区缴纳的维修基金总额为 72 万元，按照上述计算的税前投资收益率，在投资回收期内该小区每年能够回收 12.05 万元，足以满足该期间房屋的维修支出，同时又避免了资金的闲置，实现了保值增值。

5 结语

低收入大学毕业生群体是在处在过渡时期的一个特殊群体，是国家未来发展的动力，现阶段，住房问题是影响其发展的重要原因，解决他们在过渡时期的住房问题有着重大的社会影响。PPP 模式是现阶段解决该特殊群体住房问题的有效手段，该模式下最关键的部分就是社会资本的引入。公共维修基金自设立以来归集额巨大，目前巨大的资金处于闲置状态，保值性低。将公共维修基金引入青年公寓的建设是实现双方共赢的运营模式，既解决了青年公寓的资金问题，也解决的公共维修基金的保值性问题。

参考文献

[1] 聂群华，王金梅．房屋维修资金困境的经济学分析[J]．全国商情，2013，(13)：59-60.

[2] 金永刚，冯宏伟．房屋维修基金使用探析[J]．辽宁经济，2013，(10)：80-81.

[3] 北京市房地产统计年鉴 2014[M]．北京：北京房地产年鉴社，2014.

[4] 廉思．蚁族—大学毕业生聚居村实录[M]．桂林：广西师范大学出版社，2009.

[5] 张建坤，王效容，吴丽芳．"蚁族"保障性住房的 PPP 模式设计[J]．东南大学学报(哲学社会科学版)，2012，14(2)：41-45.

［6］　崔琳琳，谭大璐，刘滢．PPP 模式在成都市保障性住房中的应用［J］．工程管理学报，2015，25(4)：454-457．

［7］　萧鸣政，曹伟晓．住宅专项维修资金管理应发挥市场作用［J］．北京观察，2014(2)：60-61．

作者联系方式：

　　210096、江苏省南京市四牌楼 2 号、东南大学、阎超成、15150537827、719753162@qq.com

《工程项目管理手册》编制思路

杨春宁

（天津市建工集团（控股）有限公司，天津 300074）

【摘　要】 国际上有各类先进的项目管理方法，大多数工程项目管理咨询企业都通过了 ISO 9001 的认证，国际标准组织新推出了针对项目管理的 ISO 21500，其先进理念值得我们借鉴，但其与我国国情不完全适应，对于我们的项目经理部的指导性和可操作性也难满足需要。为此有必要探讨适应我国建筑市场现状和对项目经理部具有指导性和可操作性的《工程项目管理手册》的编制。

【关键词】 项目管理；ISO 21500 手册

1　编制依据

（1）企业的各项管理制度；

（2）遵循我国及地方相关建设行业的法律、法规和相关规定；

（3）借鉴国际标准组织的 ISO 9001 及 ISO 21500 的管理理念。

2　编制原则

（1）工程项目管理咨询企业是服务于建设项目投资单位（业主）的，因此应按工程项目的全生命周期的服务范围编制，在承揽任务时，可按业主要求的实际工作范围选取相关科目；

（2）明确项目经理部及其各专业岗位人员在不同阶段该干什么、怎么干，有哪些交付成果，即强调指导性和可操作性；

（3）强调前期策划详细全面，过程控制严格有序，形成完整的项目管理体系；

（4）遵循集成化管理理念，协调并合理定位各参建单位，项目经理部各专业管理人员在各管理科目中的工作内容和责任；

（5）合理定位项目经理部在业主项目管理体系中的位置和责任，即不要缺位，也不要越位（图1）。

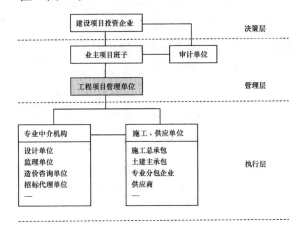

图1　业主项目管理体系

3　"工程项目管理手册"编写工作管理科目的确定

（1）首先划分工作阶段，例如前期立项阶段、建设准备阶段、工程施工阶段、收尾运营阶段；

（2）按建设工程项目编制通用型业主工作的 WBS，以上述各阶段为第一级，理清业主工作的全部内容；

（3）根据业主工作的 WBS，归纳出编制"工程项目管理手册"的管理科目，全部科目必须涵盖业主工作的全部内容。

【例1】某"工程项目管理手册"管理科目大纲

第一章　总则

第二章　术语

第三章　工程项目管理办法（十七项）

　　一、项目范围管理文件编制

　　二、项目经理部组织模式

　　三、项目管理实施规划文件编制

　　四、项目政府手续管理

　　五、项目现场平面管理

　　六、项目设计管理

　　七、项目采购招标管理

　　八、项目合同管理

　　九、项目进度计划管理

　　十、项目质量管理

　　十一、项目投资控制管理

　　十二、项目现场文明和绿色施工管理

　　十三、项目职业健康与安全管理

　　十四、项目信息沟通管理

　　十五、项目文档管理

　　十六、项目风险管理

　　十七、项目竣工收尾工作管理

第四章　工程项目管理总结

4　各项管理科目编写思路

任何项目管理工作都要回答好六个问题，即：

做什么？为什么要做？怎么做？谁来做？何时做？何地做？

4.1　在编写管理办法、手册时都要回答好以上六个问题

（1）简单阐述该项管理科目的意义和重要

性——回答为什么要做？

（2）理清该项管理科目的范围内容——回答做什么？

理清该项管理的范围内容不仅仅是该项管理科目的标题，而是将在该项管理中在不同阶段须做的工作——列出（按 WBS 列出，见举例 2）。

（3）管理办法——回答怎么做？谁来做？何时做？何地做？

管理办法涵盖了在该项管理中在不同阶段须做的各项工作的编写依据、管理目标、管理程序、流程和交付成果（表单、文件）。

4.2　各项管理办法尽量统一条目

多数管理科目可采用统一的条目，提供一个参考建议：

※ 前置语：简单阐述该项管理科目的意义和重要性

（1）管理范围及内容大纲（各科目有几项管理工作，见例 2）

（2）管理依据（业主或其他参见单位应提供的文件，法律、法规、规定……）

（3）管理岗位责任（责任矩阵图表）

（4）管理目标（或管理要求）

（5）管理办法（各项管理内容分别叙述）

1）管理程序及流程图

程序：为完成管理，对一系列动作执行过程的描述；

流程：对一系列动作按其逻辑关系用框图表现其执行过程。

2）交付成果（表单、文件、证件）。

3）参考文件模板（索引数据库文件名称及编号）。

4）附录：表单、文件、证件、文件模版索引、规范编号及名称。

【例2】九、项目进度计划管理（部分详细内容省略）

项目进度计划管理是指在项目实施过程中，

对项目各阶段的进展时间目标和最终完成的期限所进行的管理，其目标是保证项目能在满足其时间及空间约束条件的前提下实现其总体进度目标。项目进度计划管理是保证项目如期完成的前提下，合理安排资源供应，降低工程成本，确保工程质量和安全的重要管理环节。

（一）管理范围及工作内容

项目进度计划管理包括两大部分的内容，即项目进度计划的编制和项目进度计划的控制，其范围及内容主要包括：

1. 前期立项阶段计划编制

1.1 可行性研究报告中进度计划的编制（项目里程碑计划）

1.2 决策立项阶段工作计划编制

2. 工程建设准备阶段总进度计划的编制

2.1 工程里程碑计划（一级）

2.2 二级指导性计划（二级）

2.3 二级控制性计划（二级）

2.4 三级总施工作业计划的审查协调

2.5 四级工程施工总进度计划业主备案

3. 工程建设准备阶段相关计划

3.1 采购招标计划

3.2 资金供应计划

3.3 设计进度计划

3.4 市政配套计划

3.5 业主采购设备、材料进场计划

3.6 资源供应计划

4. 工程施工阶段计划控制管理

4.1 例会制度

4.2 定期检查制度

4.3 年度计划

4.4 进度计划调整管理

4.5 月、周滚动计划

4.6 竣工收尾计划（详见"项目竣工收尾工作管理办法"）

4.7 进度统计工作

4.8 工程进度月报告

4.9 工程进度年度报告

注：以上各条就是项目管理科目的范围内容——回答做什么？

（二）计划编制原则

1. 作为工程项目管理单位的计划管理不同于施工总承包企业的计划管理，而应站在业主的角度，充分考虑业主建设项目全生命周期中应做的各项工作。

2. 工程施工总计划编制采取集成化编制原则。即集成相关参建单位；按四级计划编制步骤，自上而下和自下而上反复协调，编制出符合业主进度目标，又切实可行的进度计划。

（三）进度计划管理岗位责任

1. 业主职责：确定里程碑计划意向并提供相关资料；审查和审批上报的进度计划。

2. 项目管理单位职责：

项目部负责收集基础资料；编制里程碑计划（可研报告和工程建设）、指导性计划并上报公司相关部门负责人审核；审查总承包单位上报的三级计划；批准总承包单位上报的四级作业计划。

3. 监理单位职责：负责审核总承包单位上报的施工计划。

4. 总承包单位职责：负责编制、调整三级总施工作业计划、四级工程总进度计划（包含各专业分包）。

5. 专业分包单位职责：负责编制专业分作业进度计划。

6. 各参建单位编制各类相关计划。

（四）管理办法

※ 前期策划阶段

1. 可行性研究报告中进度计划的编制（项目里程碑计划）

1.1 可行性研究报告中里程碑计划节点

1.2 项目里程碑计划编制依据及要求

1.3 里程碑进度计划的编制程序

1.4　里程碑进度计划交付文件

※ 建设准备阶段

2. 工程施工总进度计划的编制

2.1　计划编制依据及要求

2.2　计划编制责任人

2.3　工程施工总进度计划编制程序

2.3.1　一级工程里程碑计划

2.3.2　二级指导性计划

2.3.3　三级总施工作业计划

2.3.4　二级控制性计划

2.3.5　四级工程施工总进度计划

2.3.6　各参建单位进度计划的编制均应统一使用项目管理单位要求的管理软件

2.3.7　施工进度计划的优化

2.4　四级计划编制管理流程图

四级计划编制管理流程图见图9-1。（略）

3. 相关计划

根据二级控制性计划编制，过程中按实际进度情况进行调整。

3.1　采购招标计划：项目管理单位根据业主意图并结合控制性计划编制采购招标计划（详见：项目采购招标管理办法）。

3.2　资金供应计划：项目管理单位根据业主意图并结合控制性计划编制资金供应计划（详见：项目投资控制管理办法）。

3.3　设计进度计划：项目管理单位根据业主意图并结合控制性计划编制设计进度计划（详见：项目设计管理办法）。

3.4　市政配套计划：项目管理单位根据业主意图并结合控制性计划编制市政配套计划（详见：项目建设前期手续管理办法）。

3.5　业主采购设备、材料进场计划：项目管理单位根据业主意图并结合控制性计划编制业主采购设备、材料进场计划（详见项目采购管理办法）。

3.6　资源供应计划

各类资源按期保质保量供应，是保证工程质量优，工期按计划如期实现的基本条件。

※工程施工阶段

4. 进度计划控制

项目进度计划控制是指在项目实施过程中，对实施进展情况进行的检查、对比、分析、调整，以确保项目进度总目标得以实现的活动。

4.1　例会制度

项目经理定期组织召开现场例会，通过与进度计划执行单位的有关人员面对面的交谈，既可以了解工程实际进度状况，同时也可以协调有关方面的进度关系。

4.2　定期检查制度

进度检查的时间间隔与工程项目的类型、规模、服务对象及有关条件等多方面因素相关，可视工程的具体情况，每半年、每季、每月或每周进行一次检查。

4.3　年度进度计划编制

对于跨年的工程项目，总承包单位应根据施工总进度计划的时间节点要求编制年度施工进度计划，编制完成后上报监理单位和项目管理单位审核，并报业主审批后严格执行。

4.4　进度计划调整管理

4.5　月度（周）滚动计划

总承包单位根据施工总进度计划的时间节点要求编制切实可行的月度（周）滚动计划（包括物资供应计划），上报监理单位和项目管理单位审核，审核完成后形成实施性计划。月度（周）滚动计划可根据实际情况适当调整，但是不得超出施工总进度计划的时间范畴。

4.6　编制竣工收尾计划（以"十七、项目竣工收尾工作管理"为主编写）

4.7　进度统计

4.7.1 项目管理日报

4.7.2 项目管理周报

4.7.3 材料设备进场记录

4.7.4 因故停工记录

4.8 工程进度月报告

工程进度月报告编制大纲：

一、工程完成情况概述（附表1、2）

二、工程进度

三、人力、设备资源情况（附表3、4、5）

四、合同与费用（附表6）

五、下月工程施工进度计划安排（附表7）

六、工程进度照片

七、其他需要说明事项

4.9 工程进度年度报告

注：后续内容省略

5 体现集成化管理理念

集成化管理：对项目全过程而言，将其所涉及的各阶段、各项工作及项目的各参与者通过有效的管理体系，统一策划、管理、协调、控制，形成一个整体，实现项目管理目标。

（1）各项管理科目中会涉及相关的参建单位，在手册中应明确他们在管理程序、流程中所处的节点位置和责任；

（2）项目经理部由不同的专业管理人员组成，不同的管理科目会是一人为主，有不同的专业管理人员参与，同样在手册中应明确他们在管理程序、流程中所处的节点位置和责任。

【例3】七、项目采购招标管理（其中的5.采购招标进度计划管理）

5. 采购招标进度计划管理

5.1 招标代理编制各合同包采购招标子进度计划

5.1.1 编制依据：

（1）项目部提供的工程总进度计划；

（2）合同包的划分方案（项目经理部提出建议方案，与业主协商后确定）；

（3）各合同包招标的复杂程度（决定招标周期）。

5.1.2 编制范围内容：

（1）服务采购招标子进度计划

（2）工程采购招标子进度计划

（3）货物采购招标子进度计划

（4）业主自行采购子进度计划

5.1.3 采购招标子进度计划样表

××工程合同包采购招标子进度计划表（略）

5.2 项目部编制项目采购招标总进度计划

5.2.1 编制依据：

（1）项目经理部提供经业主批准的工程总进度计划；

（2）项目经理部提供经业主批准的合同包划分方案；

（3）招标代理编制的各合同包采购招标子进度计划；

（4）项目经理部提供的各合同包完成招标后到该承包商进场开工前所需的各种准备工作时间。如：

① 设备供应商的排产费支付时间；

② 设备供应商的排产期，运输周期；

③ 专业分包商的施工图绘制及审定时间；

④ 专业分包商设备、材料的实验检验时间；

⑤ 专业分包商样板安装的周期及实验检验时间；

⑥ 各施工单位（包括总承包）进场准备期等。

各合同包开工前的准备工作时间根据以上相关工作时间的叠加，得到相应的准备工作周期。

5.2.2 采购招标总进度计划样表

××工程采购招标总进度计划表

全部招标合同包名称				设计图纸完成	发布资格预审公告、招标公告	发售资格预审文件、招标文件	现场踏勘及投标预备会	接受投标，开标、评标、定标	签订合同	准备时间	开工时间
序号	合同包名称	编号	计划实际日期	开始完成日期	开始完成日期	开始完成日期	开始完成日期	开始完成日期	开始完成日期	开始完成日期	开始完成日期
			计划								
			实际								
			计划								
			实际								
			计划								
			实际								
			计划								
责任单位和岗位				设计单位承诺	招标代理及造价咨询单位根据招标子进度计划共同提供					项目部计划工程师提供	根据工程总进度计划

注：也可将服务、工程、货物和业主自行采购的总进度计划分别编制。

从以上工程采购招标总进度计划表可以看出：

1. 这是一个倒排计划，首先根据工程总进度计划确定该合同包承包商的正式开工时间点；

2. 该合同包承包商正式开工前各项准备工作时间往往被忽视，需要有经验的计划管理人员提供；

3. 整个招标过程所需时间由招标代理及造价咨询单位根据招标子进度计划共同提供；

4. 这样就明确了该合同包的最迟开始招标工作时间点；

5. 根据该合同包的最迟开始招标工作时间点确定相关设计单位的出图时间，有项目经理部的设计管理人员负责督办；

6. 从以上"案例 3"可以看出任何一项管理科目都需要相关的参建单位及项目经理部各专业管理人员共同参与才能实现。

6　归纳

（1）首先工程项目管理企业要整理适应自己的各项管理制度；

（2）确定适当的工程项目管理阶段；

（3）编制建设工程项目通用的业主工作 WBS；

（4）根据 WBS 列出建设工程项目管理科目；

（5）归纳整理企业现有的管理各科目的管理办法，再总结提高的基础上分别编写各科目管理办法。

海外巡览

Overseas Expo

BIM 在美国的研究与应用

Miroslaw J. Skibniewski

（马里兰大学帕克分校土木与环境工程系，美国）

【摘　要】　从 20 世纪末被提出至今，BIM 一直受到全世界建筑行业的欢迎。各国顶级的建筑企业都在不断实践探索中深化其对 BIM 的理解，不断挖掘 BIM 的应用价值。美国是 BIM 应用的始源地以及 BIM 应用最成熟的国家。本文从美国国家 BIM 标准、项目 BIM 应用、BIM 效益三个方面，介绍 BIM 在美国的研究及应用现状，希望能为中国借鉴。

【关键词】　BIM；NBIMS；BIM 应用；BIM 效益

Status of BIM Implementation in the USA

Miroslaw J. Skibniewski

（Department of Civil and Environmental Engineering, University of Maryland, College Park, USA）

【Abstract】　BIM has gained its popularity in the construction industry since it was proposed in 1975. The top construction companies in the world are continuously exploring and deepening their understanding of BIM and its value of applications. The USA is where BIM applications originated and is also where BIM is best practiced. This article introduced the current research and applications of BIM in the USA in three aspects：National Building Information Modeling Standard，BIM applications and the benefits of BIM, and hope China can learn from it.

【Keywords】　BIM；NBIMS；BIM application；BIM benefit

1　介绍

建筑信息模型（Building Information Modeling，BIM）起源于 1975 年，由美国的 Prof. Charles Eastman 率先提出"Building De-scription System"概念，其中提及的几点：（1）所有设计图纸都起源于同一个建筑元素以保持一致性，将来所有的设计变更都只需要对基础的建筑元素做出修改即可；（2）可以从该系统中获取有关该建筑设施的量化信息表达，如造价、建筑材料消耗都可以从可视化的、量化的数据库中获取；（3）有利于总包商从数据库中获取有利信息以提早计划安排工期和材料。这些概念奠定了 BIM 的含义和基础，随后 Jerry Laiserin 及 McGraw-Hill 等人又对其含义进行了进一步的挖掘和丰富[1]。

BIM 应用始于美国，美国总务管理局（General Services Administration，GSA）于 2003 年推出了国家 3D-4D-BIM 计划，并陆续发布了系列 BIM 指南。美国联邦机构美国陆军工程兵团（United States Army Corps of Engineers，USACE）在 2006 年制定并发布了一份 15 年（2006～2020 年）的 BIM 路线图。美国建筑科学研究院于 2007 年发布 NBIMS，旗下的 Building SMART 联盟（Building SMART Alliance，BSA）负责 BIM 应用研究工作。2008 年底，BSA 已拥有 IFC（Industry Foundation Classes，工业基础类）标准、NBIMS、美国国家 CAD 标准（United States National CAD Standard）以及 BIM 杂志（Journal of Building Information Modeling，JBIM）等一系列应用标准。

随着 BIM 近年来逐步推广发展，其应用越来越普遍和广泛。为了更进一步理解 BIM 的含义和应用，更合理地使用和挖掘 BIM 的潜力，有必要讨论美国 BIM 研究与应用，这主要有三个原因：（1）BIM 的概念、含义都是从美国开始发展的，这是 BIM 的根基所在地；（2）目前，美国是国际上拥有最完整 BIM 标准的国家；（3）BIM 在美国的发展应用已有一定历史，其应用成熟度高，积累大量丰富的项目经验，可为中国借鉴。

由此，本文主要从以下三方面探讨 BIM 在美国的研究及应用现状：（1）国家 BIM 标准在美国的研究现状，这是美国 BIM 应用的根基和规范，没有一套统一的标准就难以实现数据共享，难以把 BIM 的潜力发挥到淋漓尽致；（2）BIM 在美国的应用现状，这是值得借鉴和学习怎样将 BIM 落地实施的模板范例；（3）BIM 效益，这部分将具体探讨项目中如何发挥利用 BIM 去创造更多的价值，BIM 究竟会带来什么样的变革和好处，这将是项目 BIM 应用的重要推动力。

2 美国国家 BIM 标准

建筑信息模型（Building Information Modeling）中，"Building" 在这里是一个动词，指包括概念规划、设计、施工、使用、改造、废弃/处理等全生命周期在内的一系列项目建造活动。BIM 尝试着去丰富传统的建筑生命周期定义，把那些需要精确设施信息支持的商业活动囊括进来。这将特别适用于投资者、风险管理者、应急人员等。然而目前，建筑设施的信息技术很少有标准业务流程定义。尽管最近有研究已着眼于信息封装的标准化，但仍缺乏标准化的业务流程来加强各参与方的信息交流。

如果没有 BIM 标准，将会引发一系列问题：（1）各个项目团队将会对同样的问题各自使用孤立而不可重复利用的、不能彼此协作的解决办法。这样新产品从进入市场到发挥作用将会花费更长时间，因为需要用更长的时间去使各个项目的参与者合作沟通他们的想法以及得到明确的结果。（2）在设计阶段出现更多的错误和遗漏，在建设的过程中纠正设计阶段的错误需要更高的成本。本来应该输入一次数据，就可以多次被使用；然而现状却是平均同一个信息将会被重新输入七次。（3）在建筑设施的生命周期内许多资源将会浪费，因为建筑材料和零件性能的好坏需经过许多年使用检验后才能知道。（4）设施使用者在缺少 BIM 标准的情况下工作效率会变低，因为内置功能和环境约束并没有在设计前期进行虚拟设计和操作测试。所以，如果没有 BIM 标准，即使

BIM 在有限的意义或单个项目上能够实现，仍旧不能高效安全地访问或交换信息[2]。项目设施生命周期内项目参与者之间所有业务交流都需要建立在 NBIMS（National Information Modeling Standard，美国国家 BIM 标准）上。

2.1 NBIMS 制定流程

NBIMS 的制定对发挥 BIM 效益起着至关重要的作用，而 NBIMS 的制定则遵循着一定的流程。为建立一套与实际工程相适应的 NBIMS，需要先进行需求分析即规划，然后设计信息交互的模型，再将标准实施在应用软件上，最后推广到整个行业，具体流程如下：

2.1.1 规划

"规划"阶段的目的是开发信息交换的需求以及设定有效的信息交换标准条件。为确保后期工作效率，该阶段需要进行大量前期研究和逻辑推断活动。

2.1.2 设计

"设计"是指在信息交换中的组织概念。这与建筑师组织设施内所需求的物理和空间元素相类似。信息交换的设计师设计时要兼顾现有的概念以及新的交流需求。与建筑师获得建筑方案类似，信息交换的设计师追求优雅和多样的方法来组织信息，使其成有用的组件。

2.1.3 建设

"建设"部分介绍了在这个阶段中的工作：将一般的信息概念与标准模式中的特定元素连接起来。标准图式是一个广泛认同的"族"相关信息。如果一个概念与一个已知的族结构相关，那么每个人都很容易以一致的方式使用信息。这个阶段的重点是构造数据的获取和表达方式，使得软件开发人员可以在他们的应用程序中更容易熟悉并实现该标准。一旦标准在软件中实现，开发人员将希望拥有他们的软件测试和认证的能力。NBIMS 委员会虽然并不执行软件的标准，但将与应用程序开发人员一起实现标准，并帮助他们进行标准应用的合格性测试和认证。

2.1.4 部署

"部署"是指关注、促进 NBIMS 交换标准实现并应用的一系列产品和活动。部署是 NBIMS 实现价值的地方。无论处于项目规划阶段还是合同签署阶段，BIM 产物都可以得出可靠的预测结果。一个简单可靠的 BIM 模型，可以很容易地重复使用或改变用途[3]。

2.2 NBIMS 研究内容

BIM 标准的核心问题并不是缺少信息。工程上不缺少信息，只是缺少信息交换的统一格式以及将这些信息表达成计算机可读的应用语言，而缺乏一套统一的 BIM 标准将会导致以下问题：建筑设施信息流通不畅；工程上的错误决定导致工期延误以及费用上涨；项目完成后，设备全寿命周期的管理也很复杂，设施运营需要快速交换以及获取信息；规划设计过程中重复犯以前的错误，或者没有从之前类似的操作中获取有用的相关信息。

为了解决以上问题，让 BIM 应用落地实施，NBIMS 致力于以下研究：

（1）通过建筑智能化来支持与推广 IFC 的应用，支持建筑信息的标准化分类，参与行业标准协会来降低应用软件的影响，加强系统之间的交流。

（2）识别信息交换中重要的、通用的功能模块，做信息交换的需求分析，提供简约的信息交换标准和模板。

（3）与行业组织共同研究与此相适应的项目承包模式，以降低风险和分享项目交互性操作的好处。

（4）研究使设施信息对计算机可读的信息

检索技术。

（5）研究使设施信息更容易被下游功能软件获取利用的方法。

（6）推动在虚拟规划、设计、施工、运营中运用碰撞检测、合适材料筛选、建筑性能测试等功能应用，以减少错误和浪费。

（7）通过统一的标准化定义来减少相同信息的重复键入，提高信息的再利用率。

（8）促进单个信息条目的捕捉与可访问性，方便原始核查。

（9）降低信息交换的时间以提高效率[2]。

2.3 最低 BIM（minimum BIM）应用标准

随着 BIM 的应用越来越普及，如何评价一个项目是否真正算得上是 BIM 项目呢？如果不考虑最低 BIM 应用标准，那么可能就只是在完成可视化或者提供文件水平，而不是在做 BIM。针对上述问题，NBIMS 介绍了运用能力成熟度模型定义构成 BIM 的最基本要求，用来评价 BIM 实施水平。最低 BIM 应用标准实际上是一个衡量 BIM 应用是否达到最低水平的标志。

2.3.1 评价指标

BIM 能力成熟度模型定义了 11 个指标用以衡量 BIM 应用水平。下面分别介绍这 11 个指标。

（1）数据丰富度（Data Richness）：模型是项目有价值的信息来源，需要收集一定规模的数据。

（2）生命周期（Lifecycle Views）：BIM 应用应当覆盖到建筑生命周期更多的阶段。

（3）变更管理/信息技术基础设施库成熟度评估（Change Management or ITIL Maturity Assessment）：业务流程有缺陷需要改进，应当随之进行对问题的根本原因分析（RCA），然后进行调整。NBIMS 希望变更管理流程运用信息技术基础设施库（ITIL）计划提供的一系列最佳信息管理方法。

（4）角色或专业（Roles or Disciplines）：BIM 需要不同专业之间的信息的共享，最低级的 BIM 信息分享需要设计人员和施工人员之间共享信息。

（5）业务流程（Business Process）：业务流程和信息交互是 BIM 的基础，必须在业务流程中收集数据，进行信息共享。

（6）及时/响应（Timeliness/ Response）：及时更新 BIM 信息，BIM 中的信息能实时作为数据来源被应用。

（7）交付方式（Delivery Method）：BIM 信息可以在不同专业之间传递。然而，便捷的信息共享，仍需要信息安全保障。

（8）图形信息（Graphical Information）：2D 图纸须符合国家 CAD 标准，随着图形从 3D 到加入成本、进度的 nD，图形信息从低级到高级转换。

（9）空间能力（Spatial Capability）：BIM 需要表达空间信息。

（10）信息的准确性（Information Accuracy）：BIM 中的数据是否准确，是否可以用于计算空间和体积。

（11）互操作性/IFC 支持（Interoperability/IFC Support）：信息需要自如流通，实现共享，使用 IFC 标准，能保障信息流通。

2.3.2 BIM 能力成熟度模型

BIM 能力成熟度模型对每个指标划分成 10 个不同能力成熟度等级。其中 1 级表示最不成熟，10 级表示最成熟。表 1 给出了各个指标不同的能力成熟度等级的描述。可以对照实际情况确定打分。

2.3.3 BIM 应用水平评定

运用 BIM 能力成熟度模型评价 BIM 应用水平，先确定各个指标的成熟度等级，然后乘以该指标的权重（表 2），相加即为该项目运用 BIM 能力成熟度得分。

BIM能力成熟度水平分级表[3]　　　　　　　　　　　表1

成熟度水平	数据丰富度	生命周期	角色或专业	变更管理	业务流程	及时/响应	提交方式	图形信息	空间能力	信息准确度	互操作性/IFC支持
1	基本核心数据	没有完整的项目阶段	没有完全支持单一角色	没有CM能力	分离的流程没有整合在一起	大部分响应信息需人工重做（较慢）	无信息保障下的单点接入	主要是文字无技术图形	没有空间定位	没有实际数据	没有互操作
2	扩展数据集	规划和设计	仅支持单一角色	知道变更管理	极少数业务流程收集信息	大部分响应信息需人工重做	有限信息保障下的单点接入	2D非智能设计图	基本空间定位	初步的实际数据	勉强的互操作
3	增强数据集	加入施工和供应	部分支持两个角色	知道CM与RCA	部分业务流程收集信息	数据请求不在BIM中但大多数其他数据在BIM中	基本信息保障下的网络接入	NCS的2D非智能设计图	空间位置确定	有限的实际数据—内部空间	有限的互操作
4	数据加上若干信息	包含施工和供应	完全支持两个角色	知道CM/RCA与反馈	大部分业务流程收集信息	有限的响应信息在BIM中可用	完全信息保障下的网络接入	NCS的2D智能化设计图	位置确定与有限信息共享	全部实际数据—内部空间	有限信息在软件产品间转换
5	数据加上扩展信息	包含施工、供应和预制	部分支持规划、设计和施工	实施CM	全部业务流程收集信息	大部分响应信息在BIM中可用	有限启用网络服务	NCS的2D化智能竣工图	空间位置确定与元数据	有限实际数据—内部与外部空间	大部分信息在软件产品间转换
6	数据以及有限的权威信息	加入有限的运营与保修	支持规划、设计和施工	初始CM过程实施	极少数业务流程收集与维护信息	所有响应信息在BIM中可用	完全网络应用服务	NCS的2D实时智能化图	位置确定与信息完全共享	全部实际数据—内部与外部空间	所有信息在软件产品间转换
7	数据以及大部分权威信息	包含运营和保修	部分支持运营与维护	CM过程到位与早期实施RCA	部分业务流程收集与维护信息	及时从BIM获取所有响应信息	具有信息保障的完全网络应用服务	3D智能化图形	部分信息集成到有限GIS中	有限的计算区域与实际数据	有限信息应用IFC互操作
8	全部权威信息	加入财务	支持运营与维护	CM/RCA能力实施与应用	全部业务流程收集与维护信息	有限的实时访问BIM	安全保障下的网络应用服务	3D实时智能化图形	部分信息集成到较完整的GIS中	完全计算区域与实际数据	更多信息应用IFC互操作
9	有限知识管理	设施全寿命周期的数据采集	支持设施生命周期所有角色	业务流程由应用RCA和反馈的CM支持	部分业务流程实时收集与维护信息	完全实时访问BIM	基于CAC接入网络中心的SOA	4D-加入时间	全部信息集成到完整GIS中	以有限度量准则计算实际数据	大部分信息应用IFC互操作

续表

成熟度水平	数据丰富度	生命周期	角色或专业	变更管理	业务流程	及时/响应	提交方式	图形信息	空间能力	信息准确度	互操作性/IFC 支持
10	完全知识管理	支持外部努力	支持内部和外部的所有角色	日常业务流程由CM/RCA和反馈循环支持	全部业务流程实时收集与维护信息	实时访问与动态响应	基于CAC的网络中心SOA的作用	nD-加入时间与成本等	全部信息流集成到GIS中	以全度量准则计算实际数据	全部信息用IFC互操作

BIM 能力成熟度模型各指标权重系数[3] 表 2

指标	数据丰富度	生命周期	角色或专业	变更管理	业务流程	及时/相应	提交方式	图形信息	空间能力	信息准确度	互操作/IFC支持
权重系数	0.84	0.84	0.9	0.9	0.91	0.91	0.92	0.93	0.94	0.95	0.96

根据 2009 年 NBIMS 的规定，得分 50 分以上才能够获得 BIM 认证，70 分以上为白银级 BIM 应用，80 分以上为黄金级 BIM 应用，90 分以上为铂金级 BIM 应用。

3 BIM 的应用类型

美国是 BIM 应用的始源地，也是 BIM 应用最成熟的国家。BIM 在美国发展很快，研究与应用状况较好。目前，美国大多数的建筑项目都已经采用了 BIM，并且应用类型很多。2007 年，BIM 在美国建筑行业的应用比例是 28%，处于刚开始发展的地步，到了 2009 年，应用比例上升至 49%，而 2012 年时，统计大约有 71% 的项目采用了 BIM 技术，BIM 在美国越来越得到认可与青睐，并且美国建筑企业 300 强中应用 BIM 的企业达到了 80%[4]。

在美国，一个项目的各个阶段都有很多 BIM 的应用，图 1 描述了 BIM 在建设项目的规划、设计、施工以及运维阶段的应用类型。

在设计阶段，BIM 的应用可以最大限度地影响项目的成本，而在项目达到高成本之前，可以通过团队协作解决问题，BIM 的使用尤其可以提高团队的协同工作，建筑师和工程师可利用 BIM 测试他们的设计思想，例如能量分析等；在施工阶段，BIM 也有许多有益的应用，但是影响成本的能力下降了，在此阶段的应用包括：成本估算、预制等；在运营维护阶段，维护调度、建筑系统分析、资产管理以及记录模型等 BIM 应用可以帮助保护在其生命周期的建设[5]。

GSA 的 3D-4D-BIM 计划，主要是从整个项目生命周期的角度来探索 BIM 的应用，该计划包含的主要应用类型有空间规划验证、4D 进度控制、激光扫描、能量分析、人流和安全验证及建筑设备分析及决策支持等[6]。

3.1 空间规划验证

3.1.1 概述

空间规划验证（Spatial Program Validation, SPV）是设计方案和业主的需求之间的比较，以验证设计的空间是否满足规定的标准，其中包括可用面积、适当分组以及数据汇总的比较。由建筑师或工程师对批准程序设计中的变化和偏差进行标识，并生成报告、附图

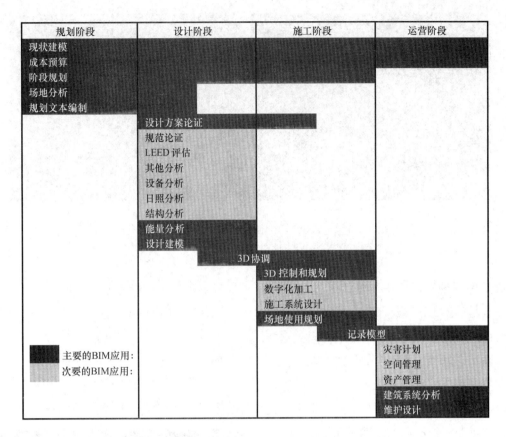

图 1　BIM 在建筑全生命周期的应用

来源：Messner，BIM Project Execution Planning Guide

和表格，显示出这些变化和偏差。空间规划验证是由建筑师或者工程师进行，并通过 GSA 验证的。基于 BIM 的空间规划验证对于改善现在和未来的设计、施工等有着重要的意义，同时，在整个建筑生命周期的应用也在不断地提高[7]。

3.1.2　案例应用

某建筑空间设计利用了空间程序规划验证，如图 2 所示，两幅图对比反映了项目可快速、自动地调整和评估设计以及概念设计阶段的实用面积。当设计变更时，基于 BIM 的空间规划程序可以自动更新实用面积。

另外，多层空间建筑在应用空间规划验证进行空间计算时不同于普通建筑，因此，多层空间建筑必须为每一个楼层建立一个空间的模型，这样在进行空间规划验证时就会更加准

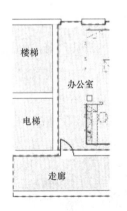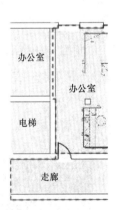

图 2　基于 BIM 的空间规划程序自动更新实用面积

来源：GSA，BIM Guide 02-Spatial Program Validation

确。见图 3。

3.2　3D 激光扫描

3.2.1　概述

3D 激光扫描是指使用三维成像系统进行

图 3 会议室

来源：GSA，BIM Guide 02-Spatial Program Validation

测量或是捕捉现有环境中的应用的做法。3D激光扫描是连接 BIM 模型和工程现场的纽带，其主要优点是有比大多数人工方法更完整、详细，更高水平地捕捉到存在的物体的能力，并且测量范围更加广泛。总之，利用 3D 激光扫描，可提高精度，减少错误和返工，提高工人安全，改进质量控制等。三维可视化顺应时代要求，对于处理一些复杂条件是必不可少的[8]。

3.2.2 案例应用

某高层建筑的模型正是利用了 3D 激光扫描技术，如图 4 所示，该图像通过现场扫描，得到三维点云数据，并对数据处理，再利用 BIM 技术，把三维点云数据输入建模软件中，

图 4 高层建筑

来源：GSA，BIM Guide 03-3D Laser Scanning

进行三维建模，得到下图所示模型。

3D 激光扫描技术对于处理历史悠久的建筑，也很有优势。在古迹保护方面，它可以很大程度上对古建筑进行真实地测量、记录。如图 5 所示，是由 3D 激光扫描技术采集数据，利用 BIM 技术建立的古建筑模型。

图 5 历史悠久的建筑

来源：GSA，BIM Guide 03-3D Laser Scanning

3.3 4D 进度控制

3.3.1 概述

通过时间表，将 3D 模型和时间结合起来可得到 4D 模型。模型结合建筑元素与建筑活动，显示随着时间的推移建筑的进展情况；三维物体与特定的活动联系起来，可以出现或者

消失在特定的时间。永久性建筑元素在建造时出现，并在整个余下的时间内停留。现如今提出的基于 BIM 的 4D 进度控制，可大大加快施工进度[9]。

3.3.2 案例应用

300NLA 工程利用 BIM 技术，将 3D 模型与时间结合，形成了如图 6 所示的现代化联邦大楼 4D 模型，该 4D 模型的使用，减少了进度管理协调时间，加快了施工进度，最终减少了 19% 的施工进度，BIM 技术的使用获得了成功。

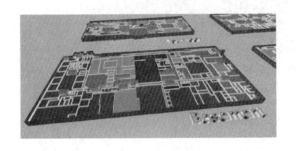

图 6　300 NLA 4D 模型

来源：GSA，BIM Guide 04-4D Phasing

Rodino Federal Building 建立了 4D 模型，如图 7 所示，使施工进度得以可视化，并且可以确定修改施工进度范围的影响。该建筑的 4D 进度控制可以提高空间的使用率，并对进度情况进行反馈。

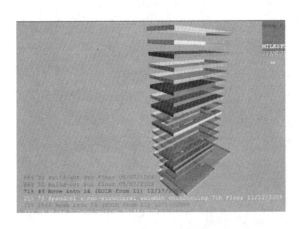

图 7　Rodino Federal Building 4D 模型

来源：GSA，BIM Guide 04-4D Phasing

盐湖城法院获得 2015 年度美国建筑师协会建筑设计大奖。该建筑就是通过四维模型的建立改进了施工进度，即时的进度情况也会在该模型中体现，如图 8 所示。

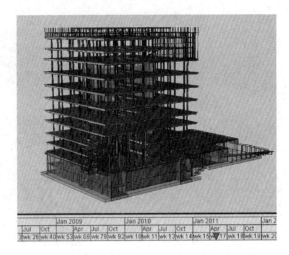

图 8　Salt Lake City Courthouse 4D 模型

来源：GSA，BIM Guide 04-4D Phasing

3.4 能量分析

3.4.1 概述

随着能源成本的增加和全球变暖的威胁，建筑物能耗问题逐渐受到关注。美国的非工业建筑能耗大约占全部能源消耗的 72%。美国能源部在 2007 年度的能源展望中预测能源消耗到 2030 将增加 31%[10]。

为了降低建筑能耗，目前已有部分 BIM 软件与 LEED（Leadership in Energy and Environmental Design）有机结合起来，使建筑师与工程师能在设计阶段更好地了解所设计的建筑达到何种绿色建筑等级。能源建模可以进行热影响评估，并制定有效设计策略[7]。绿色 BIM 软件与 LEED 评分机制的结合将为建筑师与工程师提供更加轻松快捷的绿色建筑项目设计体验，造就更多优秀绿色建筑[11]。

3.4.2 案例应用

用于 Wayne Aspinall Federal Building 的

能源建模过程是一个很好的利用 BIM 的例子，该例子表明了 BIM 和建筑分析软件如何合适地使用一个有限的、可控的方式来帮助设计一个零能耗建筑。建于 1918 年的 Wayne Aspi-nall Federal Building 使用能源建模，于 2013 年 1 月完成了目标，提供一种高能效、高性能的绿色建筑，并于 2013 年 9 月取得了 LEED 白金认证。见图 9。

图 9　周边建筑对 Edith Green-Wendell Wyatt Federal Building 热性能的影响

来源：GSA，BIM Guide 04- Energy Performance

Peter W. Rodino Federal Building 的研究就是致力于能源建模过程。用于 Peter W. Rodino Federal Building 的能源建模过程表明，能量如何将多个建模平台用于以一体化的方式来模拟建筑施工和系统交互的效果，并提供特殊的计算方式，得到能源消耗情况，并进行改善。见图 10。

图 10　Peter W. Rodino Federal Building 的现代化工程的渲染

来源：GSA，BIM Guide 04- Energy Performance

3.5　成本估算

成本估算是建设项目工作流程中的一个关键环节。成本估算过程的数量调查和定价，可以利用现有的 BIM 软件结合现有的自动化估算软件[5]。

成本估算的主要要素是工料估算和定价，从建筑信息模型的数量可以提取到一个成本数据库或一个 Excel 文件。然而，定价不能从模型中获得。成本估算需要专业知识，以分析材料的组成部分，以及它们是如何安装。如果施工和设计团队协同工作，BIM 技术是可以通过从模型中获取数量信息，从而优化生产力的一个伟大的工具。建筑信息模型的未来目标是承包商能够在几分钟内完成一个数量的统计，并转移到估价软件，自动完成成本估算的过程[12]。

4　BIM 的效益

BIM 促进了建设施工现场生产率的增长，

降低了成本，实现更高效的施工，提高了产品质量，减少了工艺和材料浪费，可以减少返工，减少变更。在设计和建设的各个阶段，BIM 会增加沟通和提供合作，各方协同工作，防止相关缺陷问题的发生。BIM 的应用保证了规划者可以减少设计失误和避免一些未知情况[9]。

评价 BIM 效益的研究方法主要是通过收集案例的可量化数据，比较应用 BIM 项目和非 BIM 项目之间的差别，对比研究 BIM 的应用效益，给项目相关人员是否应用 BIM 提供参考[13]。

4.1　降低成本

在 1997 年，美国大约有 45％的项目竣工结算时的成本超过了预算的 5％。但随着 BIM 在美国的应用，建筑工程项目各个阶段的成本也在一定程度上减少。

BIM 有助于项目按照预算以及时间进行，从而避免了项目超支问题，并且 BIM 更易于改善设计过程，使之更具成效。在项目过程中，设计团队可以依靠 BIM 快速有效地探索并完善构思和设计，然后根据其他各种要求进行优化设计，减少了各专业设计矛盾的问题，降低了成本。还可借助 Revit、Navisowrks 等 BIM 软件，解决多种问题，减少错误和解决沟通不顺畅的问题，确保预算问题。

4.2　加快进度

使用 BIM 技术，拓宽了施工进度管理思路，可以有效地解决传统施工进度管理中的问题，创造巨大的价值[14]。利用 4D 进度模型能够减少在工程施工过程中的错误，减少返工情况，用模型进行材料和预制组件的布置也减少了施工时间，应用 BIM 的最大时间优势是能够更准确预测现场组装需多长时间[9]。

缩短进度的一个很好的例子是 Mortenson

Construction 主持建造的 University of Chicago 的新的宿舍和餐厅，该项目应用 BIM 和 VDC 技术，用 Autodesk Revit 创建 3D 模型，用 Navisworks 进行项目过程的三维协调，并利用 3D 模型创建设计文件和图纸，由此，该项目创建了更高层次的开发图纸和文档，最终获得了巨大收益，不仅提高了图纸的质量，重要的是减少了返工情况，缩短了工期[15]。

4.3　质量改进

质量被定义为符合规范和业主的需求和期望。BIM 的使用可以迅速解决现场安装的问题，避免了材料和设备的质量问题，例如，可以利用 BIM 来预制组件以满足特定的要求，不仅提高了施工效率，还提高了组件的质量[9]。

4.4　减少变更

变更表明效率低、计划性差，会导致条件或范围的变化。CII 的一项研究发现，DBB 合同变更为 3.1％，DB 合同变更为 6.6％，差异主要归因于使用 BIM 技术后，在一定程度上减少了设计错误。使用 BIM 协同完成的项目，大幅度的减少由于错误、遗漏和不完整计划基础上的领域冲突而造成的变更现象。除了通过减少设计冲突而消除变化的方式，还可创建模型，使业主和建设者的沟通更有效[16]。

4.5　减少返工

BIM 中包含了大部分建筑各个阶段所需要的数据。BIM 中的建筑性质可以用来查阅各种信息，节省大量的时间和精力。此外，这一过程可以实现自动化，减少在建筑模拟过程中的错误，从而减少返工的现象[17]。一旦应用了 BIM，一些文档错误及遗漏现象就会减少，施工过程也会更加准确，不用再一次次地返工，从而也得到了一系列其他好处，例如降低了成本，缩短了工期等，减少项目持续时间，从而大大提高盈利能力[18]。

5 结论

BIM 应用在美国已日臻完善。一方面，NBIMS 委员会从底层基础制定了设施信息的交换标准和流程，以统一的标准化建筑信息分类促进各参与方之间的信息传递，为 BIM 顶层应用奠定了基础；另一方面，各个建筑企业深挖 BIM 的应用点，从建筑产品全寿命周期细分为各个阶段，在各个阶段内寻求应用价值，并通过共享的数据库使信息在各个阶段之间传递。空间规划、3D 激光扫描、4D 进度控制、能量分析、成本估算都是其重要的应用方面。

随着中国建筑工程功能越来越复杂，体型越来越新颖，业主需求越来越多样化，BIM 的应用一定会更加普及。要使 BIM 应用在中国顺利落地，我们有必要参考借鉴美国在该方面的先进经验技术。反思近年来中国大型项目的 BIM 应用状况，普遍存在着以下问题：1）没有发挥 BIM 在全寿命周期的应用作用，未能将建筑模型从设计延伸至施工、再到运营，例如天津港国际邮轮码头、上海世博会德国国家馆；2）没有彻底打通各参与之间的信息交流环节，多专业数据协调与整合问题，例如上海世博会上汽通用企业馆、上海迪士尼乐园。所以，目前中国的 BIM 应用尚处于初级阶段，要使 BIM 应用顺利落地最重要的一环就是建立好 BIM 的基础——制定一套适用于中国工程实际的 BIM 标准，再以 BIM 标准化推动 BIM 应用，提升 BIM 效益，达到根深叶茂之效果。

参考文献

[1] Eastman C, Lividini J, Stoker D. A database for designing large physical systems[C]//Proceedings of the May 19-22, 1975, national computer conference and exposition. ACM, 1975: 603-611.

[2] Dominique Fernandez, FREQUENTLY ASKED QUESTIONS ABOUT THE NATIONAL BIM STANDARD-UNITED STATES [EB/OL]. https://www.nationalbimstandard.org/faqs, 2015.

[3] Dominique Fernandez, National building Information Modeling Standard Version 1-Part 1: Overview, Principles, and Methodologies [EB/OL]. http://www.wbdg.org/pdfs/NBIMSv1_p1.pdf, 2007.

[4] McGraw-Hill Construction. The Business Value of BIM in North America [R]. New York: MHC, 2012.

[5] Mehmet F. Hergunsel. Benefits of Building Information Modeling for Construction Managers and BIM based Scheduling [D]. San Jose: Univ. of Costa Rica, 2011.

[6] General Services Administration (GSA) 3D-4D-BIM Program [EB/OL]. www.gsa.gov/bim.

[7] General Services Administration (GSA) BIM Guide 02-Spatial Program Validation [EB/OL]. http://www.gsa.gov/portal/content/102281.

[8] General Services Administration (GSA) BIM Guide 03-3D Laser Scanning [EB/OL]. http://www.gsa.gov/portal/mediaId/226819/fileName/GSA_BIM_Guide_Series_03.action.

[9] Douglas E. Chelson. The Effects of Building Information Modeling on Construction Site Productivity [D]. College Park: Univ. of Maryland, 2010.

[10] U. S. Department of Energy (DOE). Annual Energy Outlook 2007 [R]. Washington: DOE, 2007.

[11] McGraw-Hill Construction. Green BIM-how building information modeling is contributing to green design and construction[R]. 2010. http://construction.com/market_research/FreeReport/GreenBIM/.

[12] Sattenini A, Bradford R H. Estimating with

BIM: A Survey of US Construction Companies [C]. Seoul: ISARC Conference, 2011.

[13] K Barlish, K Sullivan. How to measure the benefits of BIM-A case study approach [J]. Automation in Construction, 2012, 24: 149-159.

[14] Su-Ling Fan, Miroslaw J. Skibniewski, Tsung Wei Hung. Effects of Building Information Modeling During Construction [J]. Journal of Applied Science and Engineering, 2014, 17 (2): 157-166.

[15] Autodesk User Group International (AUGI) Benefits of BIM and VDC: A Contractor's view [EB/OL]. www. augi. com/library/benefits-of-bim-and-vdc-a-contractors-view.

[16] Construction Industry Institute (CII). Making Zero Rework a Reality [R]. Austin: CII, 2005.

[17] Wikipedia. Building Information Modeling [EB/OL]. https: //en. wikipedia. org/wiki/Building _ information _ modeling ♯ United _ States _ of _ America.

[18] Harvey M. Bernstein, Stephen A. Jones. New Research Shows Contractors Are Big BIM Users [EB/OL]. http: //enr. construction. com/technology/bim/2012/1203-new-research-reveals-contractors-are-biggest-bim-users-in-the-industry. asp.

美国工程管理教育认证的最新变革综述

高志利

（北达科他州立大学施工管理与工程系，美国，北达科他州，58108）

【摘　要】　在美国，工程管理教育的质量是由工程管理教育认证体系来评估、监督和保证的，其工程教育和工程管理教育的专业认证已经历史悠久，规范成熟，可操作性极强。另一方面国内工程教育认证工作刚刚起步，历史不长，急需借鉴国外的认证体系和经验，以期快速完善目前的认证体系和加快工程管理教育认证的国际互认。本文在综合介绍美国工程管理认证体系的基础上，重点综述分析其体系目前的最新变革情况，以供国内教育管理部门和各高校工程管理专业参考，进一步确定未来的认证方向。

【关键词】　工程认证；工程管理教育；研究综述

Changes to the American Construction Engineering and Management Accreditation Criteria

Gao Zhili（Jerry）

（Dept of Construction Management & Engineering, North Dakota
State University, Fargo, ND, USA 58108）

【Abstract】　In the United States, the quality of construction education is assessed, monitored, and assured by the program accreditation. American construction education accreditation is a well-established, easy-to-operate system that has a long history of success. On the other hand, the construction education accreditation in China has just started recently. It is necessary and demanded to use accreditation systems and experience from other countries to quickly improve China's accreditation system and to meet the international accreditation standards. This paper introduces the major construction education accreditation systems in the United States, and summarizes current changes made to these systems. The goal is to provide the higher education administration and construction programs some references for their accreditation activities and for their future accreditation criteria development.

【Keywords】 construction accreditation；construction management；literature review

在美国，建筑工业以其在国民经济中近8％的比重，决定了其从业人员的数量之大。由此所衍生的对相关工程师和管理人员的数量和质量的需求，使得建筑工程教育的重要性和系统性显得格外突出。建筑工程教育大体上有两大模块组成：建筑工程和建筑管理。建筑管理相当于国内的工程管理。建筑工程教育在近百年的发展中从无到有地成为土木工程中一个具有相当独立性的一个分支[1]。建筑工程和工程管理教育作为美国整个教育体系的一个组成部分，也毫无例外地遵循着一样的教育质量控制过程，即由一个外部的独立机构对教育专业的设置和实践按照统一的规范进行教育认证[2]，建筑工程和工程管理教育的质量就是由工程和工程管理教育认证体系来分别评估、监督和保证的。美国的工程教育和工程管理教育的专业认证已经历史悠久，规范成熟，可操作性极强。另一方面国内工程教育和工程管理教育的认证工作刚刚起步，历史不长，急需借鉴国外的认证体系和经验，以期快速完善目前的认证体系和加快工程管理教育认证的国际互认。本文在综合介绍美国工程管理认证体系的基础上，重点综述分析其体系目前的最新变革情况，以供国内教育管理部门和各高校工程管理专业参考，进一步确定未来的认证方向。

1　ABET 建筑工程专业认证

建筑工程专业（Construction Engineer-ing）无论是独立成系或者是设在土木工程系，一般均隶属于工程学院[3]，和其他工程专业一样接受工程和技术认证委员会即 ABET 的认证评估。

ABET 的前身工程师专业发展委员（ECPD），于 1932 年在美国纽约成立，并于1936 年成功地进行了对第一个工程专业的评估[4]。1957 年，第一个建筑工程专业在北卡州立大学（North Carolina State University）土木工程系通过了 ECPD 的评估认证[5]。在此基础之上，ECPD 于 1976 年在美国土木工程学会（ASCE）和美国总承包商协会的协助下制定了独立的建筑工程评估标准，并用此标准对爱荷华州立大学于 1969 年成立的建筑工程专业进行了认证评估。其他大学之后纷纷成立建筑工程专业并通过了 ECPD 的认证[5]。1980 年 ECPD 更名为工程和技术认证委员会（ABET）。在 20 世纪 90 年代，ABET 开始参与国际间认证合作并成为著名的多国《华盛顿条约》的缔结者之一，并于 1997 年取得了美国高等教育认证委员会的认可。同样在 1997年，ABET 在其认证标准中采用了工程标准2000（EC2000），完成了从评估"教得怎么样的"到评估"学得怎么样"，即学习成果的重大转变。2005 年工程和技术认证委员会将其英文名字正式地定为更为简洁的 ABET。到目前为止，在 ABET 认证的分布于 28 个国家近700 所院校的 3400 个专业当中，已有 16 美国院校通过了建筑工程专业的认证（表 1）。

ABET 认证的建筑工程专业（16 所院校，来源：ABET）　　　　表 1

学　校	网　址	专业名称
Iowa State University	www. iastate. edu	Construction Engineering, BS
Kennesaw State University	www. kennesaw. edu	Construction Engineering, B. S.
Marquette University	www. mu. edu	Construction Engineering and Management，BS CEAM

续表

学 校	网 址	专业名称
North Carolina State University at Raleigh	www. ncsu. edu	Construction Engineering and Management，BS
North Dakota State University	www. ndsu. edu	Construction Engineering，BS
Purdue University at West Lafayette	www. purdue. edu	Construction Engineering，BS
San Diego State University	www. sdsu. edu	Construction Engineering，B. S.
Texas A&M University-Commerce	www. tamu-commerce. edu	Construction Engineering，B. S.
Texas Tech University	www. texastech. edu	Construction Engineering，B. S.
The University of Alabama	www. ua. edu	Construction Engineering，BSConE
University of Arkansas at Little Rock	ualr. edu	Civil and Construction Engineering，B. S.
University of Central Florida	www. ucf. edu	Construction Engineering，BSConE
University of Nebraska - Lincoln	www. unl. edu	Construction Engineering，BS
University of New Mexico	www. unm. edu	Construction Engineering，BS
Virginia Polytechnic Institute and State University	www. vt. edu	Construction Engineering and Management，B. S.
Western Michigan University	www. wmich. edu	Construction Engineering，BSE

　　ABET 建筑工程专业认证的核心是其认证标准、认证准则和规程手册。认证准则和规程手册侧重于程序方面的规定，提供了 ABET 的宗旨、使命和责任，认证的申请、评估及复议的程序等。在此不做赘述，细节可从 ABET 网站上查阅[6]。认证标准则是根据专业不同分别制定。建筑工程属于 ABET 的工程认证委员会（EAC）标准。ABET 对建筑工程专业要求课程的设置必须保证学生能够将数学知识应用到微积分、统计学、化学以及以高等数学为基础的物理学中，能够应用建筑方法、材料、机械、计划、进度安排、安全及造价分析，去分析和设计建筑工程领域的建筑过程和系统，能够阐述基本的法律和职业道德概念和执业工程师标准，以及能够阐述基本的经济、商务、会计、交流、领导能力、优化决策、工程经济、工程管理和造价控制等方面的管理概念。标准中规定了 8 项具体标准：标准 1 学生；标准 2 专业教育目标；标准 3 学生成果；标准 4 持续改进；标准 5 课程；标准 6 教师；标准 7 设施；标准 8 学校支持。这其中最关键的是标准 3 学生成果和标准 4 持续改进。

　　接受认证评估的建筑工程专业必须提供证据说明在 a～k 11 个方面的学生成果：（a）能够运用数学、科学及工程知识；（b）能够设计，进行实验并分析及解释实验数据；（c）能够设计一个系统、部件或过程使之能够满足经济、环境、社会、政治、道德、健康与安全和可持续发展等因素的制约和现实需要；(d)能够与不同专业的团队合作；(e)能够发现、归纳并解决工程问题；(f)能够懂得在专业与职业道德方面的责任；(g)能够有效地进行沟通和交流；(h)能够有广泛的知识面，以理解工程方法对全球经济、环境和社会的影响；(i)能够认识和追求终身学习；(j)能够获取当代事物知识；(k)能够用最新的技术、技能和现代工具来解决工程中的问题。接受认证的专业必须使用合适的数据和过程去评估以上学生成果是怎样达到某种程度的。这种评估必须是建立在系统化和持续改进的基础上。ABET 要求课程设置一般在 128 学分以上。

2 ACCE 工程管理认证

美国建筑管理或者工程管理专业出现要比建筑工程专业晚一些，大约在 20 世纪 70 年代。但因其对数学相对较低的要求和较高的施工企业需求，发展速度非常快，目前已超过 200 所院校设置了工程管理专业。但质量参差不齐，所在院系也比较多样化，有工程学院、设计与环境学院、土木与建筑学院和商学院等，但大部分设在土木与建筑学院[7]。美国建筑教育协会(ACCE)负责对各大学工程管理专业的专业评估。

ACCE 于 1974 年由美国建造师协会和美国建筑(施工)院校联合会共同组建，并取得了美国高等教育认证委员会的认可。迄今为止，美国已有 74 所大学的工程管理专业取得了 ACCE 四年制教育专业认证，另外还有 12 个两年制专业和 3 个硕士研究生专业也取得了认证，这些专业可以在 ACCE 2014 年度报告中查到[8]。ACCE 认证主要有三个认证文件：(1)文件 100 是政策手册；(2)文件 101 是认证手册；(3)文件 103 工程管理专业认证标准。文件 103 是最重要的文件，也就是英文所说的 *Document* 103：*Standards and Criteria for*

Accreditation of Postsecondary Construction Education Degree Programs[9]。

ACCE 的认证对工程管理专业的学校、院系、预算、课程设置、教职员工、学生、设施和服务以及公共关系等多方面进行评估。ACCE 对工程管理的培养目标的要求主要是：①具备计划、组织、设计、管理和控制资源的能力；②具有专业知识解决问题的能力；③具有确定、分析和比较不同设计方法的能力；④具有必需的沟通能力；⑤能够把握机会，并有足够的能力进行自我知识更新[10]。

其大约 120 学分的课程设置主要分布在公共课教育、数学与科学、商务和管理、建筑工程科学、和建筑施工等 5 个方面，而且每个方面都有最低学分要求，分别为：15、15、18、20 和 20 学分。此外，ACCE 对口语和书写交流课有专门的学分要求，必须至少达到 8 个学分独立课程以及结合在 1/3 的建工科学和施工课程里面。ACCE 对职业道德教育也有具体的时间要求，必须在至少 5 门建工科学和施工课程里讲授 1 小时的职业道德。

与 ABET 评估学生成果所不同，ACCE 在文件 103 中制定了菜单式详细的工程管理专业培养计划，表 2 代表的是这个详细计划的一部分，整个计划可以在文件 103 中查到。这种计划由于太具体，使得各专业的灵活性大大降低，近年来受到很多学校的抱怨。

ACCE 工程管理菜单式培养计划

(部分)(来源：ACCE 文件 103)　　**表 2**

Construction Graphics
Basic Sketching and Drawing Techniques
Graphic Vocabulary
Detail Hierarchies，Scale，Content
Notes and Specifications，Reference Conventions
Computer Applications
Construction Surveying
Survey，Layout，and Alignment Control

续表

Site Organization and Development	
Construction Methods and Materials (including: concrete, steel, wood, and soils)	
Composition and Properties	
Terminology & Units of Measure	
Standard Designations, Sizes, and Graduations	
Conformance References and Testing Techniques	
Products, Systems and Interface Issues	
Equipment Applications & Utilization	
Comparative Cost Analysis	
Assembly Techniques & Equipment Selection	
Building Codes & Standards	
Construction	
Ethics	
Estimating	
Type of Estimates and Uses	
Quantity Takeoff	
Labor and Equipment Productivity Factors	
Pricing and Price Databases	
Job Direct and Indirect Costs	
Bid Preparations and Bid Submission	
Computer Applications	
Planning and Scheduling	
Parameters Affecting Project Planning	
Schedule Information Presentation	
Network Diagramming and Calculations with CPM	
Resource Allocation and Management	

3 变革之一：ABET 学生成果的评价改革

ABET 目前正在酝酿一场重大的改革，刚刚在 2015 年 7 月进行了第一次审读[10]，改革的核心是将现有的学生成果（a）～（k）重新整合成更为简练的 1～6 项。改革后的 6 项学生成果列于表 3 中。

较之目前的 11 项学生成果，新 6 项更加实用和易操。可以预见新 6 项的实施能够解决

目前 ABET 认证中出现的几个问题：（1）有的学生成果非常难以量化和证明；（2）各专业仅是使用 ABET 标准，鲜有创新；（3）各专业在报告和应用标准时不尽一致；以及（4）有的院校在增加标准时产生争议[10]。此项改革所产生的对工程管理课程设置的影响也将一并在其他文件中修正。新方案预计将于 2017～2018 年度实施。

新 ABET 6 项学生成果草案　　　表 3

1	能够运用科学和数学原理去发现、归纳并解决工程问题
2	能够在工程设计过程中，运用分析和综合法，以使其设计能够满足社会、经济、环境以及其他因素的制约和规范
3	能够设计，进行适当的实验和检测程序并分析及总结实验数据
4	能够有效地利用不同的媒体和不同的听众进行沟通和交流
5	能够在工程实践中体现职业道德
6	能够建立目标，规划任务，严守工期，规避风险和不确定性，以及进行有效的团队合作

4 变革之二：ACCE 从菜单式要求到学习成果评价的改革

鉴于各院校对菜单式详细的工程管理专业培养计划进行改革的呼声，ACCE 最近对文件 103 进行了大幅度修订，草案已于 2014 年 7 月份通过，但还没有开始实施。新的文件 103 用基于对学生学习成果的评估取代了现行菜单式详细的工程管理专业培养计划。这个体系使用了布鲁姆分类学（Bloom's Taxonomy）的 6 类原理，即：创造、评价、分析、应用、理解和记忆。将 20 个学习成果标准分成 4 大类：5 项创造、3 项分析、3 项应用和 9 项理解。20 个标准分别于表 4 中。

新 ACCE 学生学习成果评价标准	表 4
1	创造适合工程管理的书面交流方式
2	创造适合工程管理的口头交流方式
3	创造工程项目安全计划
4	创造工程项目造价预算
5	创造工程项目进度安排
6	分析基于职业道德的专业决策
7	分析施工文件以用于施工过程的规划和管理
8	分析用于工程项目的方法、材料和机械
9	应用工程管理技能时要考虑整个团队
10	应用信息技术去管理施工过程
11	应用基本测量技术进行工程放样和控制
12	理解不同的工程交付系统以及工程各方的任务和责任
13	理解工程风险管理
14	理解工程会计和造价控制
15	理解工程质量保证和控制
16	理解工程控制过程
17	理解工程合同以及法律规范的法律含义
18	理解可持续施工的基本原理
19	理解基本结构原理
20	理解机电和采暖通风的基本原理

可以看出，新的认证方法较之目前的详细培养计划在灵活性上有所提高，但还是显得项目过多，内容太过具体。与 ABET 标准相比，在发挥各专业的创造性方面还是弱一些。新的标准将于 2016 年正式实施[11]，效果如何，还有待认证实践的检验。

5 变革之三：ABET 工程管理认证的出现

除了上面提到的 ABET 对建筑工程专业认证和 ACCE 对工程管理认证的各自的变革

之外，工程管理认证最震撼的变革是由美国工程管理协会（CMAA）于 2013 年加入 ABET 所带来的。

ABET 和 CMAA 双方宣布将在 ABET 认证体系内除建筑工程外，应用科学认证委员会另设独立的工程管理专业认证。工程管理 ABET 认证标准于 2014 年获批，在 2015～2016 年度开始实施。此认证除了遵循和建筑工程认证同样的学生成果评估标准外，ABET 对其课程设置提出了具体的要求：要求学生能够获得将来在建筑工业界取得成功所需的知识和技术、管理和交流方面的技能。这些知识和技能要能保证他们在有效的工程范围、计划、预算、质量、安全和环境中交付工程项目。专业知识方面则需要涵盖：（1）从初步设计到实验试车的全过程项目管理；（2）工程项目全生命周期和可持续发展；（3）项目健康安全、事故预防和规范遵守；（4）法律合同的管理和合同纠纷的预防和管理；（5）施工材料、人工和方法；（6）财务会计原理；（7）计划和进度安排；（8）造价管理，包括识图、计量和计价；（9）工程交付系统；（10）领导能力和人事管理；（11）商务和交流技能[12]。

由此可见，此项认证是非常有效的。而且，对同时拥有建筑工程和工程管理两个专业的院校来说，同时申请 ABET 的两个认证要比申请 ABET 和 ACCE 认证要容易得多，而且在课程设置上也比较统一，有利于两专业实现课程共享。到目前为止，已有 25～30 所院校申请从原来的 ACCE 认证改为 ABET 认证，这对美国未来的工程管理教学的影响是深远的。

6 结论

本文在综合介绍美国工程管理认证体系的基础上，重点综述分析其体系目前的最新变革情况。通过以上的综述分析可以看到，尽管建筑工程和工程管理的认证千头万绪，总的趋势是侧重于对学生实际的学习成果进行评估。而且有可能在不久的将来，ABET 会在全球范围内对工程管理的认证占有相当大的市场。此文将给国内的研究者提供一种思路，以供国内教育管理部门和各高校工程管理专业参考，进一步确定未来的认证方向。

参考文献

[1] 白勇，黄一雷. 美国施工工程与管理学科简介. 工程管理学报，27(1)：114-118.

[2] 郭燕，李卫红. 美国高等教育认证制度研究. 重庆大学学报，7(2)：129-132.

[3] 王雪青，杨秋波. 中美英工程管理专业本科教育的比较及其启示. 中国大学教学，2010，(6)：68-71.

[4] ABET，"History". http：//www. abet. org/about-abet/history/. Accessed September 23，2015.

[5] Abudayyeh, O. , and Russell, J. (2000). CONSTRUCTION ENGINEERING AND MANAGEMENT UNDERGRADUATE EDUCATION. Journal of Construction Engineering & Management，126(3)，169.

[6] ABET(2015). Accreditation Policy and Procedure Manual（APPM），2015-2016. http://www. abet. org/accreditation/accreditation-criteria/accreditation-policy-and-procedure-manual-appm-2015-2016/#introduction. Accessed on September 23，2015.

[7] 胡小芳，成楠. 国内外工程管理专业设置和课程安排的比较研究. 高等建筑教育，2008，17(6)：86-90.

[8] ACCE. 2014 Annual Report. http：//www. acce-hq. org/images/uploads/Annual _ Report _ Individual _ Page _ final _ 010915. pdf. Accessed on September 23，2015.

[9] ACCE. Document103：Standards and Criteria for Accreditation of Postsecondary Construction Education Degree Programs. http：//www. acce-hq. org/images/uploads/Document _ 103 _ 0503143. pdf. Accessed on September 23，2015.

[10] ABET EAC. Proposed Revisions to Criteria 3 and 5. http：//www. abet. org/wp-content/uploads/2015/04/EAC-Proposed-Revisions-to-Criteria-3-and-5. pdf. Accessed on September 23，2015.

[11] ACCE. Outcome-based Accreditation. http：//www. acce-hq. org/images/uploads/Outcomes _ Based _ Standards _ Presentation _ 4 _ 22 _ . pdf. Accessed on September 23，2015.

[12] ABET ACAC. Criteria for Accrediting Applied Science Programs. http：//www. abet. org/wp-content/uploads/2015/05/R001-15-16-ASAC-Criteria-03-10-15. pdf. Accessed on September 23，2015.

典型案例

Typical Case

大型保障房居住区建设组织模式创新实践

陈兴汉　贾　璐　王成芳

（南京栖霞建设股份有限公司，南京 210037）

【摘　要】 从我国大型保障房居住区项目的建设实际出发，变革既有建设模式，进行组织结构再造，基于供应链思想建立企业动态战略联盟，通过建设组织模式的创新实践，有效解决了大型保障房居住区项目建设过程中的管理问题，为高品质完成项目建设提供了保障。

【关键词】 保障房；协同建设；大部制；战略联盟

1　引言

大型保障房居住区是指国家为抑制房价，解决中低收入百姓住房问题，在一定的时间、质量和费用的要求下，按一定程序完成的总建筑面积在 50 万 m² 以上，容纳总户数在 5 千户以上，设有与其人口规模相匹配的、完善的生活配套服务设施和满足该区居民物质与文化生活所需的公共服务设施，面向中低收入家庭实行分类保障，提供限定供应对象、建设标准、销售价格或租金标准的具有社会保障性质的居住生活聚居建设项目。

大型保障房居住区是针对中低收入群体的项目，并根据不同的收入层次实行分类保障。进入"十二五"以来，保障房建设进入"加速跑"阶段，建设的目标为 3600 万套，以大型居住区为代表的保障房项目同期建设规模大，工期目标要求紧，质量目标要求高，在其建设过程中，众多的参与方和项目组织成员使得项目组织非常庞大，而保障房项目的特殊性以及其中每项工程的不同特点和目标，使项目组织更加复杂，容易造成管理界面不清晰、业务流程不顺畅、工期拖延、质量不达标、建设各方容易产生纠纷、难以满足政府管理目标和群众实际需求等问题。在保障房项目的实施过程中，政府相关部门和开发商以及其他各个参与方之间存在着错综复杂的关系。不少城市设置了专门的保障房建设指挥部，总体协调整个城市的保障房建设，有些地方甚至成立了保障房建设管理公司，这些单位和部门共同构成了保障房项目的组织。组织成员的特殊性带来了组织结构的复杂性，传统的工程项目组织模式远远无法满足保障房项目建设和管理的需要。为了使大型保障房居住区项目能高效率、高质量地顺利实施，就必须探索并采用符合其特点的新型项目组织模式。

2　开发商为主体的多承包商协同建设模式

2.1　内涵

开发商为主体的多承包商协同建设模式是指在大型保障房居住区项目建设过程中，专业化的房地产开发企业受保障房建设主管单位的委托，作为项目建设的主体单位，依照保障房建设主管单位制定的项目建设标准和要求进行项目立项，筹措项目建设资金，征地拆迁、前期策划，组织项目建设，控制项目投资、质量、工期和施工安全，在保障房建设主管单位的计划安排下进行房屋销售，取得相应售房款，在项目竣工验收合格后，按期移交给住户及用户，进行项目售后维保服务，并对所建设的保障房项目建设质量终身负责。

在大型保障房居住区项目的建设过程中，保障房建设主管单位通过招投标选择有信誉、有社会责任感的品牌开发商，双方签订代建合同。开发商充分利用其可靠的工程技术水平和丰富的工程管理经验进行保障性住房的建设工作，并且作为政府保障房工程的代建方，与多承包商分别签订建设工程承包、监理、设备采购等合同，对项目建设进行专业化、系统化的组织管理。不同于一般代建制的是，为了加强政府对保障房项目的决策权和监管力，建设过程中某些重要环节的关键承包商，例如设计单位、工程勘察单位、监理单位、物业管理单位等均与保障房建设主管单位以及开发商签订三方合同，形成业主方、开发商和承包商之间的相互制约和协调。

2.2 特点

（1）加强政府对项目的控制力，充分发挥政府的作用。政府主要以合同管理为中心，运用法律手段制衡各方。同时，项目审批部门根据国家政策审批项目的建设内容、投资、规模和标准，下达项目建设计划和政府投资部分的资金使用计划；财政部门将政府资金集中起来，根据发展改革部门下达的资金使用计划直接拨付给代建单位；发展改革、财政、审计、监察等部门运用计划、审计、监察等手段，对项目进行强力有效的外部监督。

（2）开发商是以房地产开发经营为主业的企业，相比总承包商而言，开发商对居住区建设项目的全寿命周期管理水平更高，管理经验

更丰富，能够对保障房项目建设的全过程进行专业化管理，以其丰富的市场经验进行全过程策划，以其良好的商业信誉为项目筹资，以其长年建立的上下游供应商的战略伙伴合作关系来缩短建设工期、降低建设成本。

（3）作为建设主体的开发商依据其长期房地产项目的开发经验，在政府相关部门监管的情况下择优选取不同专业背景的承包商，在保障房项目工期紧、任务重的条件下，集中产业优质资源，特别是多家施工企业的高水平工匠，优质、高效地完成建设任务。开发商在建设过程中起到了总体策划、组织、协调、沟通和控制的作用，保证了数量众多的承包商在有序的状态下协同工作。各参建承包商依据与开发商的合同关系及内容完成相应工作，管理界面清晰，便于在主体控制下的协同工作。各专业工作的衔接由开发商各专业主任工程师主导，保障了各业务流程的无缝对接。

（4）开发商为主体的多承包商协同建设模式中部分承包商和保障房建设主管单位及开发商签订三方代建合同，除规定相关单位的权利、义务和责任外，还明确规定政府主管部门的权限和义务。这种三方代建合同可充分发挥各项目参与方的积极性，实现各方的相互制约，体现责任权利的平衡，从而有效预防政府主管部门的腐败行为发生，也可以更有效地避免项目建设中的决策失误，有利于整个保障房项目建设的整体规划、合理安排、协调运行和系统化管理，减少建设过程中冲突和断节的问题。

2.3 实践

在南京幸福城大型保障房居住区项目（以下简称幸福城项目）的建设管理实践中，采用了新型的开发商为主体的多承包商协同建设模式。该项目总占地面积约 66 万 m^2，规划总建筑面积 118.6 万 m^2，总投资约 56 亿元人民

币，是我国"十二五"期间应完成的 3600 万套保障房项目重点工程之一，也是南京市 2010 年开工建设的 600 万 m² 保障房中的重点工程。幸福城项目由南京栖霞建设股份有限公司（以下简称栖霞建设）依据与南京市保障房建设主管单位（南京市保障房建设指挥部、南京市保障房建设发展有限公司）签订的《南京市保障性住宅建设项目委托建设协议书》以及有关补充协议实施代建。栖霞建设作为建设主体与各参与单位签订合同，各参与单位是在南京市保障房建设主管单位核准的名录内采用公开招标或邀请招标的采购方式产生。其中项目策划、工程勘察、设计、监理等单位均和保障房建设主管单位、栖霞建设共同签订三方合同。而咨询单位、材料设备供应单位、施工单位、供水供电等市政单位在与栖霞建设签订合同的同时也需报保障房建设主管单位备案，以确保工程的顺利进行。

幸福城项目开发商代建制管理模式的主要合同关系如图 1 所示。

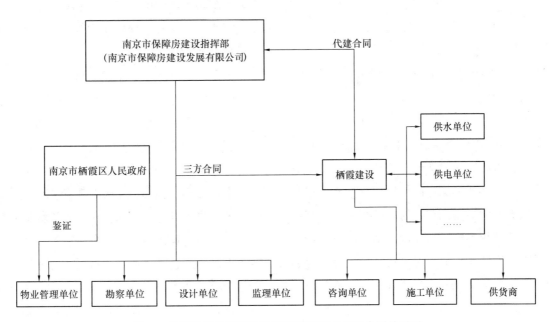

图 1　幸福城项目开发商代建制管理模式主要合同关系图

开发商代建制在幸福城项目的实践中发挥了以下优势：

（1）南京市保障房建设指挥部（南京市保障房建设发展有限公司）和栖霞建设签订的代建合同体现了各参与方之间权责利的平衡，有效预防工程腐败问题的发生，同时又能实现对保障房项目建设施工、销售、物业管理和投资资金的专业化管理。

（2）作为开发商代建单位，栖霞建设具有丰富的工程管理力量和保障房建设管理经验，能在项目的征地拆迁前期策划、实施规划、建设管理一直到后期的交付使用，以及物业管理等保障房建设管理全寿命周期的各个阶段发挥积极的作用，确保了保障房项目高效率、高质量的实施。

（3）南京市保障房建设指挥部选择性地与部分关键参与单位以及栖霞建设签订了三方合同，有效地加强了建设主管单位对幸福城项目的监控力度。同时也充分利用栖霞建设的经验和资源，由其自主选择其他参与单位，建设主管单位仅通过备案的程序进行监管，在保证效率的前提下，减轻政府的管理成本。

3 基于大部制矩阵式的组织结构再造

常见的组织结构形式包括直线式组织形式、职能式组织形式和矩阵式组织形式等。常见房地产开发企业的组织形式为，在企业内部采用职能式组织形式，设置前期开发部、规划设计部、工程部、材料设备部、成本管理部、品牌管理部、财务部、营销部、物业管理部、展销中心、社会事业部、人力资源部等职能部门，而在具体开发的项目层级设置各项目工程部，项目开展时由工程部项目经理主导，并接受各职能部门的管理，属于矩阵式组织形式。

在大型保障房居住区项目的建设过程中，传统组织形式已不能较好地适应保障房项目建设的要求，其主要缺陷在于：房地产开发企业较多的职能部门会导致信息路径长、沟通不畅、协调难度大等问题，在面对小型项目或成熟项目时，多职能部门的设置传统不会出现问题，但面对大型复杂项目时，多职能部门容易造成责任意识不强、协作成本增加以及工作效率低下的问题。此外，保障房项目中存在为数众多的承包商，此时会形成开发企业职能部门与承包商之间的"多对多"的网状组织对应关系，此组织关系形式结合节点多，非常复杂，容易造成信息梗阻和失真，某一节点出现问题，或者节点对应方意见、目标不一致甚至产生矛盾时，都会对项目总体产生影响，而保障房项目建设的进度约束条件强，应避免此类影响干扰整体进度。再有，保障房项目不同于商品房项目，项目的社会界面宽泛，既要面对政府主管部门和各职能监管部门，又要面对因征地、拆迁、安置所涉及的各类型单位和个人，最为重要的是要面对广大殷切期望入住保障房的群众。宽泛的社会界面造成业务流程和业务关系复杂，需要对项目组织形式进行再造。

栖霞建设结合自身三十多年的房地产开发

实践经验和保障房建设经验，针对大型保障房居住区的建设特点和实际问题，特别是建设过程中表现出的强烈的复杂组织特性，为了达到满足群众需求、匹配业务流程、明确职能职责、提高工作效率、促进资源利用、快速决策反应和风险有效控制的建设管理目标，通过组织再造建立扁平化的组织形式，把大型保障房居住区项目各参与方进行有机整合，实现项目参与者之间的无缝对接，通过项目的全寿命周期目标设计、集成和全寿命周期的组织责任确定，消除项目组织的责任盲区和项目参加者的短期行为，实现大型保障房居住区项目组织的无障碍沟通和运作。

大部制矩阵式组织形式，即在保障房项目的实施层中，建设单位成立保障房项目部，依据项目建设目标，按照保障房项目设计及管理制度要求，负责保障房项目建设的全过程管理，构建由保障房建设指挥部决策、保障房项目部主持实施、各参与单位分工负责的扁平化的矩阵式项目组织。同时，在保障房项目部中，把公司管理部门的职能集成化，将那些职能相近的部门、业务范围趋同的事项相对集中在几个综合性的部门中，从而将公司职能与现场工作直接对接，实现项目全过程的控制，在精简机构的同时，提高工作效率。

3.1 特点

（1）由几个综合性部门统一管理，最大限度地避免职能交叉、多头管理，从而提高工作效率，降低工作成本。传统的组织形式既造成部门之间的职责交叉、推诿扯皮，又导致职能分散、政出多门，削弱了政府的决策职能，也不利于集中统一管理，损害项目整体目标的实现。实行大部制矩阵式组织形式，能适应信息技术发展带来的由传统的以职能为中心的职能导向型项目转向建设以流程为中心的流程导向型项目，有利于整合项目资源，再造工作流程，确保全面履行项目部职能。

（2）有利于落实"问责制"，建设责任型项目。部门过多必然造成职能分散，既不利于集中统一管理，又不利于落实"问责制"。多个部门负责同一项工作的做法，貌似加强领导，实则减轻了部门应承担的责任，同时，还导致部门利益的滋生，使项目利益部门化、部门利益合法化甚至个人化。大部制组织形式强调的是部门职能的有机统一和综合管理，能够较好地协调职能机构统一和专业分工的关系，对于协调部门关系、落实责任追究具有重要意义。

（3）有利于项目体制改革的突破和深化，是加快项目管理体制改革的关键环节。大部制矩阵式组织形式将是未来项目管理体制改革的重点和亮点，应当将大部制改革放到整个管理体制改革的全局来定位和设计，综合考虑项目改革的系统配套问题，将组织重建、体制变革、机制创新、职能转变、流程再造、管理方式创新以及相互关系的调整有机结合起来，推进项目组织变革。

3.2　实践

在幸福城项目的实践中，栖霞建设按照依据项目再造的原则，构建由栖霞建设保障房建设指挥部决策、幸福城项目部主持实施、各参与单位分工负责的集成化项目组织模式，采用了大部制的组织形式，有效整合企业内部各个专业的管理资源，将公司十多个管理部门的职能集成化，设置了前期和技术部、工程管理部和综合计划部三大综合性的部门，有效地将公司各部门职能与现场工作直接对接，实现项目全过程的总控，在精简机构、程序的同时，提高了工作效率。

前期和技术部、工程管理部和综合计划部三大综合性部门的主要职能如表1所示。

三大综合性部门主要职能　表1

部门	主要职能
幸福城项目部　前期和技术部	征地拆迁、前期策划、勘察设计招标、设计技术质量管理、设计优化及创新管理、设计变更管理等
工程管理部	施工组织设计、材料设备采购、项目质量进度和造价控制、工程概预算管理、现场参与单位的管理和协调、信息系统管理等
综合计划部	项目总体计划编制、资金计划和管理、成本核算和财务管理、档案管理、行政后勤管理、法律事务管理等

在开发企业管理部门职能集成化、集中设置了前期和技术部、工程管理部和综合计划部三大综合性的部门的基础上，幸福城项目东、中、西片区划分设置东区项目经理部、中区项目经理部和西区项目经理部，形成扁平化的矩阵式项目组织，各部门、各片区依据职责分工和管理制度要求对各自分管的工作负责。幸福城项目组织结构如图2所示。

幸福城项目采用的大部制矩阵式组织形式，在保证项目总经理对项目的有力控制前提下，充分发挥公司各职能部门的作用，保证信息和指令的传递途径最短，组织层次少，沟通速度最快，实现了无缝对接。

在参建各方的共同努力下，依托各主管部门的大力支持，2011年5月，栖霞建设仅用3个月时间，就完成规划设计并办理了总建筑面积118.6万 m^2 的幸福城项目的全部前期手续，领取了四证，实现了住宅部分全面开工。历时3年半的时间，从征地拆迁开始到118.6万 m^2 的居住区和8条道路以及所有配套设施全部交付使用，近4万人陆续入住，入住群众对项目品质以及周边配套十分满意。在南京市

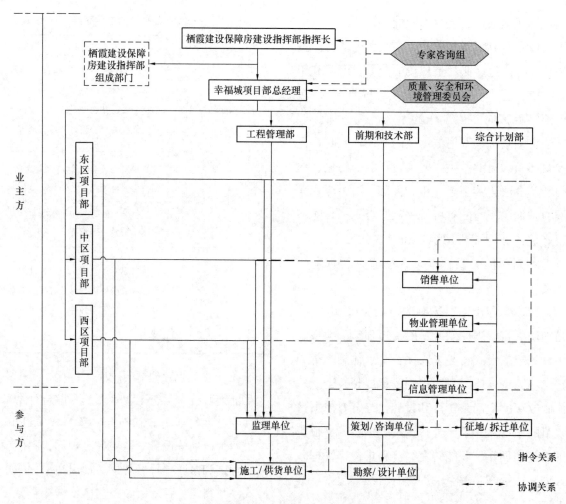

图2　幸福城项目组织结构图

同批建设的四大保障房片区中，幸福城项目的质量、进度、成本控制水平，一直受到主管部门高度赞扬，在各项评比中名列前茅。

4　上下游企业动态战略联盟

大型保障房居住区项目不是单一产品，而是一个产品群，包含了大量功能各异的单体工程。建设主体企业的整体策划能力、资源整合能力、成本控制能力，直接决定了项目的综合品质与经济效益。其中，资源整合能力的强弱，又在很大程度上决定着项目整体策划方案能否得到有效贯彻，以及项目的成本、质量和进度目标能否实现。资源整合不仅需要从企业内部着手，还应依据供应链经济的思想，积极

与其他企业联合，注重利用企业外部的资源。理想的供应链经济效果，是建立在整体下分工的规模经济和范围经济基础上的整合，是与社会发展相适应的一种组织再造方式，栖霞建设在其建设管理的保障房项目中，建立了上下流企业动态战略联盟，详见图3所示。

在产业链上下游企业中选择优秀企业，建立动态的战略联盟，一直是栖霞建设提高资源整合能力，放大管理效能，提高项目建设效率、品质及成本控制能力的行之有效的重要方法。这种方法使得栖霞建设和产业链上下游优秀企业之间，逐步建立起长期稳定的信任和双赢的战略联盟关系，从而为栖霞建设在工期紧、资金有限的情况下，建设出高品质的大型

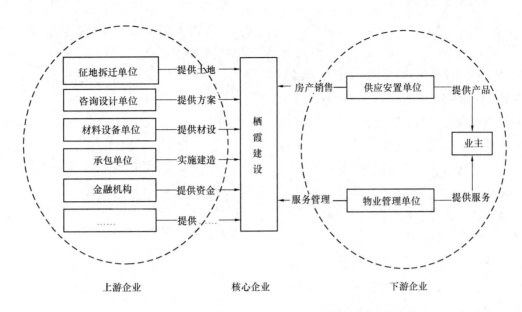

上游企业　　　　　　　核心企业　　　　　　　下游企业

图3　以栖霞建设为核心的上下流企业动态战略联盟（供应链）

保障房居住区，提供了重要的组织保障。并在合同协议中约定奖罚条款，做到优质优价，尤其是对获得国家级、省级、市级荣誉奖项的承包单位，均按合同的约定给予奖励。

4.1　对联盟企业的选择

栖霞建设在选择联盟企业时坚持五大标准，即：战略目标和企业文化是否与公司一致；产品技术是否行业领先；售后服务是否反应敏捷；风险控制是否措施完备；在成本、质量、进度控制方面是否具有优势。公司目前选择的联盟企业，其本身的产品和管理能力在同行业居于领导地位，在售后服务方面也是从项目伊始即介入，一直贯穿项目全寿命周期，在风险控制方面也是历经市场洗礼的佼佼者，联盟企业在提供给公司优质产品的同时也给予公司极具竞争力的价格。

4.2　对联盟企业的动态管理

对于栖霞建设的联盟企业，公司根据联盟企业的具体情况，先确定合作目标，再签订合作协议，过程评估和效果评估相结合。公司本身设有评估小组对各联盟企业进行评估，每年动态调整合格供应商名录，在自身评估的同时，引入第三方机构对合作过程进行检查评估并提出改进建议的方式进行管理。公司在多年实施引入的目前世界上最大、历史悠久的民间第三方从事产品质量控制和技术鉴定的跨国公司——通用公证行（SGS）机构的基础上，于近年又引入德勤会计师事务所，对公司进行内审的同时，也对公司所有的联盟企业的关系与行为进行评估审计并提出书面整改报告，公司同时将整改报告及时提交各联盟企业并协助他们进行整改。

对于一些发展势头比较好的联盟企业，栖霞建设除在项目建设领域进行合作外，还通过获取产品区域代理权，开展股权投资等方式，建立更加紧密的战略合作关系。如引入优秀施工企业江苏苏中建设集团和上海嘉实集团，作为集团公司的股东单位；向国内园林绿化行业龙头企业广东棕榈园林、优秀卷帘遮阳制造企业湖南湘联股份投资参股等。在通过资本市场获得丰厚回报的同时，进一步提升了对相关战略联盟企业资源的整合能力，使栖霞建设能够获得最具性价比的产品和服务。

5　结语

　　保障房项目建设对我国社会保障事业和人民的生活质量具有重大的影响，较一般的房地产项目，保障房项目的实施更加需要一种科学的管理方法。在传统的建设组织模式下，大型保障房居住区建设容易产生各类实际问题，阻碍项目建设目标的顺利实现。栖霞建设通过组织集成与再造，建立了新型的以开发商为主体的多承包商协同建设模式的组织形式，并采用大部制矩阵式组织形式，把建设主体管理部门的职能集成化，在精简机构的同时，提高工作效率，形成扁平化的矩阵式项目组织。同时，依据供应链经济的思想，和产业链上下游优秀企业之间逐步建立起长期稳定的信任和双赢的战略联盟关系，在保证质量的前提下有效降低了建设成本。从而为在工期紧、资金有限的情况下建设出高品质的大型保障房居住区，提供了重要的组织保障。

参考文献

[1]　陈兴汉．大型保障房居住区管理创新与实践[J]．中国工程管理学会年刊，2013．

[2]　陈兴汉．有限总价下的全寿命周期低碳住宅建设[J]．住宅产业，2010，07：68-70．

[3]　陈兴汉．节能省地环保型住宅建设实例——国家康居示范工程南京天泓山庄建设情况简介[J]．住宅产业，2007，11：62-63．

[4]　陈兴汉．住宅产业现代化是大型房企成长的必由之路[J]．住宅科技，2008，12：15-18．

[5]　荀璞，王成芳．房地产开发企业的多项目管理[J]．城市开发，2010，10：72-73．

[6]　毛鹏，王子君，陈小林．试议我国保障房建设管理的新模式[J]．建筑经济，2012，05：48-51．

广州周大福金融中心总承包工程项目基于 BIM 的施工总承包管理系统

叶浩文[1]　邹　俊[1]　孙　晖[2]　杨　玮[3]

（1. 中国建筑股份有限公司，北京 100044；2. 中国建筑第四工程局有限公司，广州 510000；
3. 中建三局第一建设工程有限公司，武汉 430000 ）

1　工程概况

1.1　项目简介

广州周大福国际金融中心总承包工程（原名广州东塔）位于广州市新中轴线以东，总建筑面积 50.8 万 m²，塔楼总高度 530m，共 116 层，其中地上 111 层，主要为办公楼、酒店式公寓及超五星级酒店；地下 5 层，主要为商场、停车场及设备用房。塔楼主体是带加强层的框架-筒体结构，具体由 8 根箱形钢管混凝土巨柱、111 层楼层钢梁和 6 道环形桁架、4 道伸臂桁架组成。

1.2　工程重难点

被誉为广州市珠江新城收官之作的广州东塔，是广州市的新地标、新名片，塔楼超高、体量庞大、施工总承包管理难点众多。

1.2.1　体量庞大，工期紧张

本工程总工期 1554 个日历天，其中地上主体结构施工时间仅有 645 个日历天，排除塔吊安拆、顶模安拆、塔吊和顶模爬升等的时间，平均每个标准层仅有约 3.5 天的施工时间。此外，地上结构中平均层高超过 10m 的 4 道伸臂桁架层和 6 道环桁架层工序复杂、施工时间长，使工期更为紧张。在如此大的工期压力下，任何一道工序的延误都会压缩后续楼层的施工时间，对结构施工总工期造成极大的影响。

此外，伴随着工程的进一步推进，幕墙、砌体、机电、电梯、精装修等专业逐步插入，各道工序紧锣密鼓，协调管理工作极为繁重复杂。如何保证每一道工序合理有序地开展，是保证紧张工期的关键。

1.2.2　分包众多，各工作面各专业穿插复杂，总包管理难度大

东塔项目主塔楼地上 111 层、地下 5 层、裙楼地上 9 层，工作面众多。同时各工作面施工作业包含结构、砌体、幕墙、暖通、空调、给水排水、消防、强电、弱点、精装修、擦窗机、真空垃圾处理等专业，共有数十家分包。各家分包根据建设进程在各楼层、各工作面展开施工，各专业内工序多，各专业间交接频繁，相互依存、相互制约。如何实现各工作面施工的顺利进行、各专业穿插合理有序，避免分包管理和施工的混乱无序，实现对工期进度的实时把控、偏差分析及进度调整，是项目部面临的一个重大难题。

1.2.3　图纸资料管理难度大

业主对项目各个使用功能区段的要求极为严格，房间的布局及精装修的风格会伴随着设计的优化不断发生变化。至目前为止，总包共

收到业主发放图纸 55552 张，变更超过 5000 条，图纸、资料管理非常困难。

此外，总包方还负责钢结构、机电等专业的图纸深化工作，深化图纸需经业主、顾问（结构顾问、建筑顾问、机电顾问等）、监理等多家单位审批，送审数量多，审批流程繁琐、时间长，跟踪非常困难。

1.2.4 变更签证工作量大，时效性强，成本实时把控难度大

业主的变更频繁，作为总包，需要在合同约定的变更发生后的 7 天内完成变更索偿的相应工作，变更索赔时效性强，各个部门协同工作要求高，同时实时的收入支出对比工作量繁重，难度很大，如何实现变更工程量的快速核算，并与模型构件对应单价关联，实现变更成本的实时快速的核算，是项目成本管理工作的重难点。

1.2.5 合同条款数量庞大，时效性强，查询困难

本项目总包合同条款极为细致，内容众多，信息分散，查询难度大；时效条款众多、非常容易因为缺乏及时的预警提醒及人为疏漏而导致相关工作的缺失，造成经济损失。

同时项目分包众多，各分包合同数量庞大，如何实现总、分包合同的条款对应，实现成本、风险条款的准确对应及有效传递，是合同管理的重难点之一。

2 BIM 组织与应用环境

2.1 BIM 研发及应用目标

通过对总承包管理需求的深入分析及对 BIM 的深刻理解，我们确定了东塔 BIM 系统的总体研发及应用目标：通过基于 BIM 的项目管理系统，实现东塔项目数字化、集成化管理，即以 BIM 集成信息平台为基础，针对超高层项目总承包项目管理中存在的进度、工作

面、图纸、合约、成本、劳务、碰撞检查等方面的难题，开发适用于施工总承包现场管理的项目管理系统，实现三维可视的、协同的施工现场精细化管理。

2.2 实施方案

项目以模型为载体，以信息为元素，通过总体规划、分模块同步研发的策略，制定了具体的实时方案，总结起来主要包含以下内容。

2.2.1 设计一个信息集成平台，实现各专业各业务信息的整合

为了让 BIM 发挥更大的价值和协同作用，需要建设统一的服务平台作为载体进行协同工作。BIM 协同施工平台为信息集成与协同管理提供信息平台支撑。根据项目建设进度建立和维护的各个专业 BIM 模型，统一导入建筑信息模型（BIM）平台中，形成全专业集成模型，同时平台汇总各业务口的信息，实现各信息与模型的集成关联，消除项目中的信息孤岛，并且将得到的信息结合 BIM 模型进行整理和储存，便于总承包管理各个部门随时共享信息及数据交换。项目信息的集中存储以及各业务部门可以随时调用权限范围内的项目集成信息，可以有效避免因为项目文件过多而造成的信息难以获取的问题。

2.2.2 定制统一的信息录入界面及管理模板

在系统架构设计时就通过定制各模块信息统一录入界面及管理模板，实现各业务口的数据流方便、快捷的共享流动。同时，通过标准化的数据录入界面，实现总承包管理过程中，进度、工序、合约条款、清单、设备等一系列信息数据的积累储存，为日后的工程管理提供海量的经验数据。

2.3 团队组织

由中国建筑股份有限公司首席专家，中建

股份副总工程师，原中国建筑第四工程局董事长叶浩文担任总指挥，设立 BIM 建设领导小组和工作小组，其中工作小组又细分为架构组、建模组、计划组、商务组、技术组、机电组、钢构组、应用组和维护组。

2.4 应用措施

东塔项目 BIM 团队建立了完善的奖惩措施，各个负责人的绩效和 BIM 应用成果挂钩，BIM 的推动采用了三步走的方式：(1) BIM应用小组熟练应用 BIM 系统进行相关 BIM 工作的开展。(2) 发展各部门核心成员进行 BIM 系统的学习和操作。(3) 推广全项目所有成员在日常工作中运用 BIM 系统完成工作。

2.5 软硬件环境等

2.5.1 软件配置

见表1。

软件配置一览表　　表 1

模块	软件配置
土建建模	广联达土建 GCL
	广联达钢筋 GGJ
机电建模	MagiCAD
钢构建模	Tekla
系统平台	广联达 BIM 整体解决方案
	广联达 BIM5D 系统

2.5.2 硬件配置

见表2。

硬件配置一览表　　表 2

模块		硬件配置
客户应用端	CPU	I3
	内存	4G
	显卡	独立 512M 显存显卡
	硬盘	500G

续表

模块		硬件配置
建模机器	CPU	I5-I7
	内存	8G～16G
	显卡	独立 1G～2G 显存显卡
	硬盘	1TB
项目管理服务器	CPU	Mobile QuadCore，1800 MHz (18×100)
	内存	32GB
	显卡	Matrox Graphics G200eH (HP) (16MB)
	硬盘	1TB
模型服务器	CPU	Mobile QuadCore，1900 MHz (18×100)
	内存	32GB
	显卡	—
	硬盘	1TB

3 BIM 应用

3.1 BIM 建模

广州周大福金融中心项目模型应用，是将各专业建立的模型文件（钢结构、机电、土建算量、钢筋翻样）导入 BIM 平台，以此作为 BIM 模型的基础。并实现对文件的版本管理，作为 BIM 应用的基础模型。

本项目在建模软件的选择上，遵循着不额外增加现场管理人员工作量及工作难度的原则，土建专业模型创建选择商务部本身需要使用的广联达算量软件进行创建，机电专业选择机电部深化设计使用的 MagiCAD 软件，钢结构专业选择钢构部深化设计使用的 Tekla 软件，各专业模型按照东塔 BIM 建模规范进行创建及深化完毕后，导入平台进行集中整合与管理。同时，提供模型的版本管理，可以将变更后的模型更替到原有模型，产生不同的模型版本，对模型的过程数据及历史数据进行统一的管理，便于商务人员进行变更索赔。

3.2 东塔 BIM 系统集成平台搭建

东塔 BIM 集成平台具有开放的接口，可集成广联达、Tekla、MagiCAD、Revit 等 BIM 工具软件建立的模型，以及 Project、Word、Excel 等办公软件的数据。同时在平台中实现进度、图纸、合同、成本等数据信息与模型信息的集成。

通过东塔 BIM 集成系统应用，构建广州东塔项目 BIM 数据中心与协同应用平台，实现全专业模型信息及业务信息集成，多部门多岗位协同应用，为项目精细化管理提供支撑。见图 1。

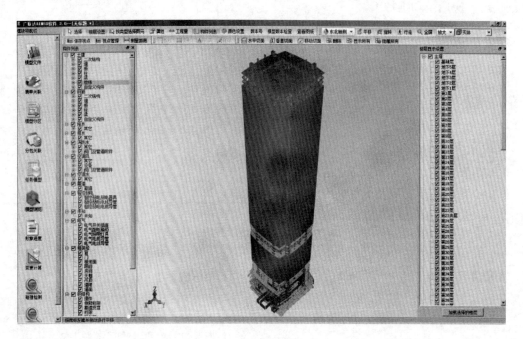

图 1　东塔 BIM 集成平台

3.3　进度及工作面管理

BIM 系统中进度计划与模型挂接后，管理人员可以通过任务模型视图实时展示三维动态进度实体模拟，可以获取任意时间点、时间段工作范围的 BIM 模型直观显示。有利于施工管理人员进行针对性工作安排，尤其包括交叉作业及新分包单位进场情况。同时，BIM 管理系统会将进度计划挂接的配套工作，根据各部门职责相应地分派到对应部门，再由部门负责人将配套工作分派到具体实施人，这样做到责任到人，实现切实可执行的进度计划。通过施工日报反馈进度计划，在施工全过程进行检查、分析、时时跟踪计划，实现进度计划与实际计划的对比，发现两者之间的偏差点，并可追踪到具体偏差原因，明确是进度计划的工

期不合理还是相应配套工作未完成，便于在计划出现异常时及时对计划或现场工作进行调整，保证施工进度和工期节点按时或提前完成。为方便现场施工管控，项目部引入工作面管理概念，针对楼层中各个施工区域，进行工作面的划分。在工作面管理中，可以通过 BIM 系统直观展示现场各个工作面施工进度开展状况，掌握现场实际施工情况，并跟踪具体的工序级施工任务完成情况、配套工作完成情况以及每天各工作面各工种投入的人力情况等。见图 2。

3.4　图纸管理

项目施工管理过程中，均会存在图纸繁多、版本更替频繁、变更频繁等现象，传统的图纸管理难度很大，也经常会因为图纸版本更

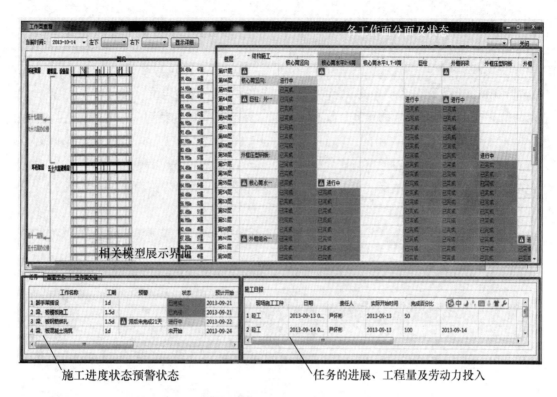

相关模型展示界面

施工进度状态预警状态　　　　　　　任务的进展、工程量及劳动力投入

图2　进度管控及工作面管理

替或变更信息传递不及时造成现场施工返工、拆改等情况的发生。因此，图纸信息的及时性、准确性、完整性成为项目精细化管理的重中之重。广州周大福金融中心项目BIM系统图纸管理模块实现图纸与BIM模型构件的关联，可以快速查询指定构件的各专业图纸详细信息，包括不同版本的图纸、图纸修改单、设计变更洽商单、技术咨询单以及答疑文件等。在与图纸关联后的BIM模型中，提醒变更部位及产生的影响，包括提醒有变动、提醒变动内容和工程量、提醒是否已施工、提醒配套工作完成进度等，可以更高效准确地完成图纸变更相关施工。同时，针对相关专业的深化图纸还有申报状态的动态跟踪与预警功能。高级检索功能可以在海量的图纸信息中，根据条件快速检索锁定相应图纸及其信息，图纸申报管理中功能相同。我们可以想象，当传统图纸管理模式下，要查询某一部位的详细做法可能需要同时找到十几张图纸对照查看，这至少需要

2～3人花费大概1小时的时间才能完成，而BIM系统中的图纸管理模块的应用，只需要在高级检索中输入条件即可查到，支持模糊搜索，实现了海量图纸的高效准确的查询。

3.5　合同和成本管理

在BIM系统中所有人可以根据需要随时查看总包合同、各劳务分包合同、专业分包合同以及其他分供合同信息以及合同内容，便于现场管理及成本控制。BIM模型可以实现工程量的自动计算及各维度（包括时间、部位、专业）的工程量汇总。BIM模型可以与总、分包合同单价信息关联，关联完成后，在模型中可针对具体构件查看其工程量及对应的总、分包合同单价和合价信息。

报量（包括业主报量和分包报量）时，可根据进度计划选择报量的模型范围，自动计算工程量及报量金额，便于业主报量的金额申请与分包报量的金额审批。总包结算与各分包结

算同样可以在 BIM 系统中完成。另外分包签证、临工登记审核、变更索偿等功能均可在 BIM 系统中实现。

同时，BIM 项目管理系统中可以自动进行成本核算，自动核算出某期的预算、收入和支出，实现了预算、收入、支出的三算对比，可以直观通过折线图进行查看成本对比分析和成本趋势分析，更直观、更准确、更方便。

3.6　运维管理

BIM 模型中包含构件、隐蔽工程、机电管线、阀组等的定位、尺寸、安装时间以及厂商等基础数据和信息，在工程交付使用过程中，便于对工程进行运维管理，出现故障或情况时，提高工作效率和准确性，减少时间和材料浪费以及故障带来的损失。见图3。

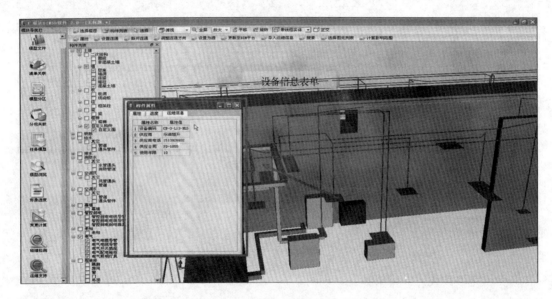

图 3　运维管理

3.7　其他管理

3.7.1　碰撞检查

BIM 系统将各专业深化模型海量的信息及数据进行准确融合，完成项目多专业整体模型的深化设计及可视化展示。同时，可以根据专业、楼层、栋号等条件定义，进行指定部位的指定专业间或专业内的碰撞检查，实现了不同专业设计间的碰撞检查和预警，直观地显示各专业设计间存在的矛盾，从而进行各专业间的协调与再深化设计，避免出现返工、临时变更方案甚至违规施工现象，保证施工过程中的质量、安全、进度及成本，达到项目精细化管理目标。例如，在二次结构及机电安装专业施工前，可进行这两专业的碰撞检查，对碰撞检查结果进行分析后，对机电安装专业进行再深化，避免实际施工过程中出现的开洞或者返工等现象，也可以为二次结构施工批次顺序的确定提供有效的依据。

3.7.2　劳务管理

现场劳动力的管理是项目精细化管理的又一大难点及重点。无论从工程安全、质量、进度、物资、成本等任何角度看，均与劳动力密不可分，随时掌握现场劳动力的数量、工种、进出场情况、工人信息、工人出勤信息等，既可以保证施工现场安全交底的落实以及进度计划的完成，也可以有效解决和避免一些劳务纠纷，便于协调解决工人与工人之间、各分包与分包之间存在的一些纠纷和问题。在进度管理方面，了解掌握每天现场各工作面的劳动力人数、分包单位、工种等信息，可以更好地进行现场进度计划的调控，也可以对各分包单位进行评价，将表现合格的分包商列入合格分包商库，便于以后分包商的选择和再次合作。

4 应用效果

4.1 工期保障

利用本系统进度管控的功能，项目实现了主塔楼平均 4.5 天一层的施工速度，提前完成与业主合同约定的各个工期节点。

4.2 成本节省

通过本系统对工程量的提取及与清单的关联，实现了成本的过程管控及精确计算，同时利用本系统对进度、图纸、合同、碰撞检查等的管理，极大地节省了成本。

4.3 管理提升

在本系统的应用中，项目提高了全项目信息传递的效率，降低了人为管控所出现的错漏，有效提升了管理水平，提高了管理的效率。

4.4 技术支持

通过本系统对复杂节点及关键部位的施工模拟，切实保障了施工过程的进度、安全及质量。

4.5 数据积累

通过超高层施工 BIM 集成数据库的建立及应用，积累了大量宝贵的经验数据及施工工序，便于系统复制推广到其他项目。

4.6 人才培养

通过本系统的研发及应用，成功为企业培养了一批既懂工程，也懂 BIM 的人才。

5 创新点

5.1 大模型显示方式、加载效率

本项目在模型集成方面实现了突破，将各专业软件创建的模型按照广州周大福金融中心特有的编码规则进行重新组合，在 BIM 系统中转换成统一的数据格式，并极大地提升了模型显示及加载效率，从而真正意义上实现了超高层项目或其他建筑面积体量大的项目 BIM 模型整合应用。

5.2 工作面管理的引入

系统将工作面管理概念成功引入 BIM 管理系统中，通过 BIM 模型的工作面划分，实现模型按照实际工作区域自动分割，从而在实际施工管理过程中，真正提取相关工作面信息开展工作，极大加深了总包管理的深度和细度。

5.3 信息集成运用

通过将进度、工作面、图纸、清单、合同条款等海量信息与 BIM 模型这一载体进行关联集成，实现了各个信息的对应关联，打通了进度、工程量、图纸、合同等各个功能模块，实现了基于 BIM 施工总承包的协同管理。

5.4 经验数据信息化积累

本项目 BIM 系统在架构之初，就确立了利用系统进行经验数据积累的工作，因此，本系统针对实体工序工作、配套工作、合同条款、合约规划模板等内容分别设置专有的数据库，将通过本项目验证并完善的经验数据存储在数据库中，以供后期使用，并能完整地复用到之后的其他诸多项目上去。

大型建筑施工企业 BIM 应用规划与实施要点探析

赵　璐　翟世鸿　陈富强　姬付全

（中交第二航务工程局有限公司，武汉 430074）

【摘　要】 BIM 技术在建筑业中的应用正在迅速普及。大型建筑施工企业应制定中长期的 BIM 规划以指导 BIM 的实施，帮助企业的 BIM 生产力能力建设。BIM 规划可通过 SWOT 分析企业实施 BIM 的优势和劣势，进行 BIM 战略选择，在充分评估企业的 BIM 能力成熟度的基础上，制定 BIM 应用战略。BIM 应用规划应包括总体目标、实施思路、组织建设、基础设施、教育培训、科研计划等方面内容。在 BIM 规划的实施过程中应注意咨询机构的选择、BIM 软件选型以及 BIM 团队建设等关键问题。

【关键词】 BIM；施工企业；规划；SWOT 分析法；BIM 能力成熟度

Application of BIM technology of Large Sized Construction Enterprise：Planning and Cruces

Zhao Lu　Zhai Shihong　Chen Fuqiang　Ji Fuquan

(CCCC SECOND HARBOUR ENGINEERING COMPANY LTD.，Wuhan 430040)

【Abstract】 There is a rapid popularization of the application of BIM in the construction industry. Large Sized Construction Enterprises need to make plans to guide the implementation of BIM. SWOT analysis method and BIM capability maturity model can be used to make BIM strategic chooses. BIM planning should include general goal、implementation route、organization construction、soft hardware facilities、education & training、scientific research plan and so on. In the application, full consideration should be given to some key questions，for example，the choosing of consultation team、software selection、BIM team building etc.

【Keywords】 building information model （BIM）；construction enterprise；planning；SWOT analysis；BIM capability maturity model

1 背景

1.1 BIM概念及应用现状

建筑信息模型（Building Information Modeling，BIM）是以三维数字技术为基础，集成了建筑工程项目各种相关信息的工程数据模型，是对工程项目设施实体和功能特性的数字化表达。BIM的技术核心是从根本上解决项目规划、设计、施工、维护管理各阶段及应用系统之间的信息孤岛和信息断层，实现全过程的工程信息管理乃至建筑生命期管理[1]。正是BIM参数化、一致性、协调性的特点，决定了其能把建筑物本身信息和建筑业业务流程更好地集成起来，从而提高建筑业劳动生产率。因此，BIM代表着一种全新的理念，将促进建筑全产业链的技术模式和管理模式变革，加快建筑业技术和管理水平升级，是建筑业信息化的发展趋势。

目前，BIM在英国、日本、澳大利亚等发达国家及地区也得到了充分的重视与广泛的应用，并上升到政府推进的层面。BIM始于美国，美国的很多政府部门都应用BIM辅助工作。如美国总务管理局于2003年推出了全国3D-4D-BIM计划，目标是从2007年起，所有大型联邦设施项目（招标级别）都需要应用BIM，并陆续发布各领域的系列BIM指南。美国陆军工程兵团于2006年发布了为期15年的BIM发展路线规划以及具体的BIM实施计划，目标是未来所有军事建筑项目都将使用BIM技术。美国建筑科学研究院致力于BIM的推广与研究，2007年发布美国国家BIM标准第一版，2014年推出第三版[2]。英国政府要求强制使用BIM，2011年发布政府建设战略文件，明确要求到2016年，全面协同3D-BIM，并将全部的文件以信息化管理；同时相继发布了英国建筑业BIM系列标准。

日本从2009年起就有大量的设计公司、施工企业开始应用BIM；国内的BIM相关软件厂商组建了国产解决方案软件联盟，服务于BIM技术的推广应用；日本建筑学会也于2012年发布了日本BIM指南。澳大利亚于2012年发布了《国家BIM行动方案》，要求2016年7月1日起所有澳大利亚政府的建筑采购使用基于开放标准的全三维协同BIM进行信息交换，并配套制定一个5年保证计划予以落实。新加坡建筑管理署于2011年发布BIM发展路线规划，并设立一个600万新币的BIM基金项目，要求政府部门必须带头在所有新建项目中明确提出BIM需求，鼓励大学开展BIM教育培训课程，并于2012年发布BIM指南。韩国公共采购服务中心下属的建设事业局制定了BIM实施指南和路线图，计划从2010年起开始项目试点应用，然后逐步扩大试点，力争在2012～2015年500亿韩元以上建筑项目全部采用4D（3D＋cost）的设计管理系统，2016年实现全部公共设施项目使用BIM技术[2]。可见，BIM这一里程碑式技术对建筑业已经产生潜在深刻的影响，在建筑行业这项集体"运动"的事业中，它正引发一次史无前例的彻底变革。

我国建筑业从2003年开始引进BIM技术，近些年发展迅速，政府及行业协会也越来越重视BIM的应用价值和意义[3]。国家"十一五"科技支撑计划和"十二五"建筑信息化发展纲要中都将BIM技术纳入研究目标，《建筑工程信息模型应用统一标准》、《建筑工程信息模型存储标准》、《建筑工程设计信息模型交付标准》、《建筑工程设计信息模型分类和编码标准》等国家BIM标准也正在积极编制中。2012年，中国建筑科学研究院牵头发起成立"中国BIM发展联盟"；2013年12月，中国铁路总公司、中国铁道科学研究院发起组建"中国铁路BIM联盟"；2014年3月，上海申通地铁集团有限公司发起建立"上海市轨道交通 BIM 技术联盟";2013 年 10 月,上海市政府办公厅发布《上海市推进 BIM 技术应用指导意见》;2015 年 5 月,深圳市建筑工务署发布政府公共工程 BIM 实施纲要和实施管理标准等。目前 BIM 技术已经在商业建筑、工业建筑、民用住宅、市政设施等不同工程类型中应用,涵盖规划、设计、施工、运维等不同项目阶段。业主、软件商、BIM 咨询公司是 BIM 技术的主要推动方,总体应用以设计公司为主,施工企业相对较少,在项目上的应用仍局限于某些阶段,应用深度也不足。

我国的 BIM 标准编制工作正在稳步推进中。国内主要的标准研究方有清华大学孙家广院士、顾明教授牵头的 CBIMS 标准和中国 BIM 发展联盟主持的 NBIMS-CN 标准。目前这两个潜在的国家标准正在编制中。城市标准方面,2013 年 8 月北京市规划委发布了北京市地方标准《民用建筑信息模型(BIM)设计基础标准》。企业标准方面,有很多开展 BIM 工作的设计企业和施工企业发布了企业 BIM 标准。这些标准的推出对于推进 BIM 实施都有一定的积极意义。

1.2 大型建筑施工企业应用 BIM 的价值

对于大型建筑施工企业,所承接项目日趋复杂化、大型化,业主对标准化管理、可持续发展、绿色建筑等要求越来越高。很多企业还参与项目投融资,项目管理的范畴越来越大,工程服务方式日趋多样化、市场化,使得建筑企业对建设项目管理的精益程度要求也越来越高。我国建筑施工企业信息化经过多年建设,取得了显著成效,建筑施工企业的管理水平和施工技术水平均借此得到提高。但仍存在较突出的问题,如施工项目现场信息化程度较低、企业信息化缺乏基础数据支撑、信息孤岛和信息割裂依然存在等。BIM 具有可视化、数量

化、数字化的特征,建筑施工企业应用 BIM 技术具有以下价值:

(1)施工过程透明化支持精益管理。基于 BIM 建立的数字建筑模型,使得设计和施工过程的大量工作和工艺过程被量化、数字化、参数化、信息化,使精确的建造成为可能,设计检查、场地布置、进度监控、施工工艺模拟、方案优化、资源配置、成本核算等以前无法精确管理的施工生产活动变得可视化和规范化,更易实现项目预设的工期、质量和成本目标。

(2)施工信息集成化支持协同管理。BIM 模型可成为一个项目工程数据和业务数据的大数据承载平台,可以使企业的各业务部门方便、准确地获得来自施工生产一线的进度、资源、成本、质量等信息,为各业务管理和科学决策提供可靠的数据支撑,并实现远程监控与有效协同。

(3)BIM 技术的优势是可以把建筑结果前置,在把握充分信息的情况下做出一个预估和判断,是实现绿色建筑、精益管理、可持续发展、全寿命周期管理等先进管理理念的很好工具。BIM 技术发展与应用属于突破式创新,将引发建筑业的工作方法、工作流程和工作内容进行广泛而深刻的变化,将涉及工程项目生命周期内从规划、设计、建造到运营、维护、更新、拆除的每一个阶段和所有的从业人员,建筑业将建立起更加规范合理的市场竞争和成本收益格局,建筑施工企业将在更加有序和公平的市场环境中开展施工生产活动[3]。

随着 BIM 技术在施工行业的应用和推广,建筑施工行业将掀起新一轮技术升级热潮,各施工企业的技术水平和市场竞争力将得到进一步提升。面对这场已经到来的技术革新浪潮,在政府政策倒逼、市场竞争倒逼以及社会责任倒逼(低碳建造)的情形下,如何加快 BIM 技术在企业中应用进而实现企业技术和管理升级,是建筑施工企业关注的焦点。因此,作为以工程施工总承

包为主要业务的大型建筑施工企业,需要将 BIM 技术的应用提升到企业的战略高度,应建立一个中长期的 BIM 应用规划,以指导 BIM 技术的研究与应用,确保企业紧跟 BIM 技术革新浪潮,提升企业的市场竞争力。

2　建筑施工企业 BIM 能力成熟度评估

在进行 BIM 应用规划前,应对企业的 BIM 能力进行评估。一个完全不具备 BIM 能力的企业是不适合一开始就着手编制 BIM 规划的。BIM 应用规划往往涉及整个企业从一年到数年的整体性计划,需要企业具备一定 BIM 应用经验和能力以后再开始制定。企业 BIM 应用的广度和深度要和企业自身的 BIM 能力相匹配,仅仅依赖外部资源是做不好规划的,即便做了,也是一纸白文,无法落实到位。

软件能力成熟度模型(Capability Maturity Model for Software,简称 CMM)是一套针对软件过程的管理、评估和改进的模式和方法。通常将过程成熟度定义为五个级别:初始级、可重复级、已定义级、已管理级、优化级,通过对软件过程每一个成熟度级别的评估,检验其实践活动,并针对特定需要建立过程改进的优先次序,逐步提高软件过程的能力成熟度[4]。

美国国家 BIM 标准(National Building Information Modeling Standard,以下简称 NBIMS)提供了一套以项目生命周期信息交换和使用为核心的可以量化的 BIM 评价体系,叫作 BIM 能力成熟度模型(BIM Capability Maturity Model,以下简称 BIM CMM),从数据丰富度、生命周期、角色或专业、变更管理、业务流程、及时/响应、提交方式、图形信息、空间能力、信息准确度、互操作性/IFC 支持等 11 个指标建立了 BIM 能力成熟度模型。这个能力成熟度模型主要用于评价单个项目的 BIM 应用水平[5]。

2.1　建筑施工企业 BIM 能力成熟度指标

为了更好地评估 BIM 在建筑施工企业的应用情况,提出建筑施工企业 BIM 能力成熟度模型(以下简称 BIM-CMM),以衡量建筑施工企业应用 BIM 的能力。BIM-CMM 从公司机构与组织、人力资源与文化、BIM 信息流程与结构、BIM 工具与应用、BIM 实施效果与 BIM 对既有业务的支持等五个方面进行评估,下面对五个指标的具体含义进行介绍。

(1)公司机构与组织:包括企业应用 BIM 的愿景与策略;职责与分工;BIM 实施组织架构,人力资源配置状况;BIM 实施的质量保证;财务资源对 BIM 的支持;企业及项目合作方应用 BIM 的情况等六个因素。

(2)人力资源与文化:包括员工对 BIM 的态度;组织与个体的 BIM 应用动机;BIM 协调者的存在和影响力;知识和技能现状;知识管理;员工培训等六个因素。

(3)BIM 信息流程与结构:包括模型的使用;开放的 ICT 标准(IFC/IFD/IDM);对象库;内部及外部信息流程;数据交换类型;各阶段的数据类型等六个因素。

(4)BIM 工具与应用:包括使用 BIM 服务器;BIM 服务器的类型和能力;软件包的类型;高级 BIM 工具;项目级 BIM 应用标准、企业级 BIM 应用标准六个因素。

(5)BIM 实施效果与 BIM 对既有业务的支持:对项目管理的支持;对新开发业务的支持;对投资业务的支持;对运维阶段设施管理的支持等六个因素。

2.2　建筑施工企业 BIM 应用能力成熟度等级

BIM-CMM 沿用五个成熟度水平级别,其中第一级表示最不成熟,第五级表示最成熟。表 1 给出能力成熟度等级的描述。

BIM-CMM 能力成熟度水平分级表　　　　　　　　　　表 1

能力等级	描　述	特　征
第一级 初始级	以单个项目或单项功能的探索应用为主	企业刚接触 BIM，主要借助于外部资源进行初步的 BIM 应用，且以建模及碰撞检测等基础应用为主，企业过程参与度不深，无有效的组织、信息流程等
第二级 可重复级	对 BIM 的部分价值点进行重复应用	在试点项目应用基础上建立基本的 BIM 管理流程； 有少量 BIM 人才，有明确的管理岗位和职责，能主导外部资源进行 BIM 应用； 以单项功能 BIM 应用为主，具备 BIM-4D 项目管理能力； 在多个项目上进行 BIM 应用； 未制定统一的信息交付标准、管理流程； 具备 BIM 建模与初步应用能力
第三级 已定义级	定义了 BIM 应用流程与信息交换标准	有明确的 BIM 应用目标和任务； BIM 人才充足，职责分工明确，建立有激励机制； BIM 的功能应用和价值体现较高，项目实践能力较强； 具有支持 BIM 实施的基础设施； 针对 BIM 应用制定有信息交换标准、统一的管理流程等
第四级 已管理级	实现集成管理	企业对 BIM 应用有明确的战略规划，组织管理有力，BIM 实施的配套基础设施齐全，全员 BIM； 实现支撑项目、企业和行业管理集成与提升的综合 BIM 应用，如支撑基于模型的工程档案数字化和项目运维阶段的 BIM 应用等
第五级 优化级	BIM 应用持续改进	BIM 应用愿景清晰，组织有效，BIM 与业务紧密结合，不断进行 BIM 应用创新，有效支撑企业各项管理业务

在实际评估建筑施工企业 BIM 应用成熟度时，可以将五个评估指标下的六个因素设置不同的权重，每一因素下设五个级别，由调研团队成员依据访谈情况对各因素进行打分，即对各因素下的级别进行选择（评分采取五分制），然后对各因素的得分进行加权平均，即得到建筑施工企业应用 BIM 的能力成熟度得分。

3　大型建筑施工企业 BIM 应用规划 SWOT 分析

SWOT 是企业内部优势（Strengths）、弱势（Weaknesses）和外部机会（Opportunities）、威胁（Threats）的首字母简写，是企

业战略管理和竞争情报常见的一种分析方法[6]。其指导思想是在全面把握企业内部优劣势与外部环境的机会和威胁的基础上，制定符合企业未来发展的战略，发挥优势、克服不足，利用机会、化解威胁。将 SWOT 分析法应用于建筑施工企业的 BIM 应用战略制定过程中，可以从 BIM 应用的行业背景、市场服务模式发展趋势的预测以及企业的发展现状进行分析，结合企业自身实力的优劣势和外部环境机会威胁分析，帮助企业认清实施 BIM 的优势和劣势，定性地做出 BIM 应用战略决策判断，进行 BIM 战略选择，实施 BIM 战略计划。

分析环境因素，是运用各种调查研究方法，分析出组织所处的各种环境因素，即外部环境因素和内部能力因素。外部环境因素包括机会因素和威胁因素，它们是外部环境对组织的发展直接有影响的有利和不利因素，属于客观因素，一般归属为相对宏观的如经济的、政治的、社会的等不同范畴；内部环境因素包括优势因素和弱点因素，它们是组织在其发展中自身存在的积极和消极因素，属主动因素，一般归类为相对微观的如管理的、经营的、人力资源的等不同范畴。在调查分析这些因素时，不仅仅考虑历史与现状，而且更要站在未来的发展角度来衡量。具体可从以下方面进行分析。

3.1 "Strengths"分析

竞争优势（S）是指一个企业超越其竞争对手的能力，或者指公司所特有的能提高公司竞争力的东西。竞争优势通常包括技术能力优势、有形资产优势、无形资产优势、人力资源优势、组织体系优势、竞争能力优势。在 BIM 应用战略分析时，应着重考虑以下几个方面：（1）企业所处行业的 BIM 政策环境如何？（2）企业领导是否把握了 BIM 作为建设行业变革的主流趋势？（3）企业是否拥有支撑 BIM 应用的科技创新平台和研发能力？（4）企业有哪些业务板块，以及主要业务在市场的地位如何？企业计划在未来行业中如何定位？（5）企业所处行业及业务领域的 BIM 技术应用状况如何？目标市场的竞争情况如何？（6）企业参与重大项目的机会如何，BIM 应用成果影响面如何？（7）客户资源和客户关系状况如何，能否为 BIM 业务拓展提供机会？（8）企业的核心竞争力是什么？BIM 技术是否有助于提升企业的核心竞争力？

3.2 "Weaknesses"分析

竞争劣势（W）是指某种公司缺少或做地不好的东西，或指某种会使公司处于劣势的条件。在 BIM 应用战略分析时，应着重考虑以下几个方面：（1）企业目前的 BIM 应用水平，BIM 实施能力如何？（2）企业是否建立有 BIM 实施保障机制？（3）企业的 BIM 应用对市场影响程度如何？（4）主要业务板块的市场 BIM 应用需求状况如何？（5）企业在建筑价值链中地位对 BIM 应用的主导作用如何？

3.3 "Opportunity"分析

公司面临的潜在机会（O）：市场机会是影响公司战略的重大因素。在 BIM 应用战略分析时，潜在的发展机会可能是：（1）国家与地方中长期科技发展规划均把建筑业信息化作为重点，企业具有一定的信息化基础；（2）行业内逐步认识并接受 BIM，认为 BIM 应用能发挥巨大的商业价值；（3）BIM 在行业中应用市场容量巨大；重大项目中的 BIM 应用可发挥示范性作用；（4）目前处于早期发展阶段，市场上竞争对手较少，整体应用能力较弱；（5）企业的科研基础较好，能较快掌握新技术；（6）企业重视科研投入，能提供足够的财务支持等。

3.4 "Threats"分析

危及公司的外部威胁（T）：在公司的外部环境中，总是存在某些对公司的盈利能力和市场地位构成威胁的因素。在 BIM 应用战略分析时，建筑施工企业的外部威胁可能是：（1）BIM 作为新技术，在政策实施、法律法规层面支持欠缺，推广应用存在许多障碍；（2）短期内，BIM 实施的价值体现不清晰，BIM 的市场需求不清晰，整个行业在 BIM 应用上的投资收益较小；（3）越早进入市场，前期投入越大；（4）市场不规范，价格混乱，竞争无序；（5）竞争对手已经认识到 BIM 的价值，并已开始进行 BIM 研究和推广。

4 大型建筑施工企业 BIM 应用规划体系

4.1 大型建筑施工企业 BIM 应用规划的内容框架

大型建筑施工企业 BIM 应用规划的制定是企业战略的一部分，目的是通过对企业外部宏观环境、行业环境和竞争力进行分析的基础上，设计适合企业未来发展 BIM 的方向、路径和具体的应用方案，是企业 BIM 应用的指南针和路

线图。由于 BIM 技术发展日新月异，BIM 应用规划以 3~5 年为宜。BIM 应用规划的制定要从企业战略和发展目标出发，确定公司的 BIM 应用目标及总体思路，分析和评价各种应用模式的优势和劣势以及成本和收益，选择最符合企业实际并能实现企业目标的应用规划。BIM 技术必须融入整个企业的日常生产活动中，与企业的战略管理、管理体系、评价考核、人力资源和技术管理体系有效结合，并长期持续改进，才能实现 BIM 技术的全面应用[7]。BIM 应用规划内容框架应包括应用目标及实施路线以及具体的实施方式如团队建设、基础设施、教育培训和科研计划等，如图 1 所示。

4.2 总体目标及实施路线

BIM 应用的总体目标要根据企业的发展战略及管理特点，以及进行 BIM 能力评估以及企业内部优劣势与外部环境的机会和威胁分析的基础上，合理确定，不能一概而论。总体目标确定后，应同时确定 BIM 实施的路线图，提出阶段性的具体工作任务，才能将 BIM 技术的应用落实在建设管理工作中。一般来讲 BIM 实施需要经历培育期、发展期、成熟期三个阶段，应确立每个阶段的分解目标。BIM 应用能力发展阶段及相关目标如图 2 所示。

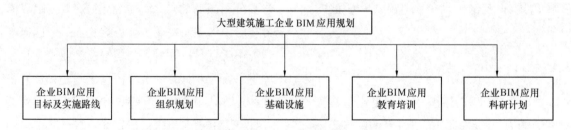

图 1 大型建筑施工企业 BIM 应用规划内容框架

发展阶段	培育期	发展期	成熟期
主要目的	技术普及试点示范	扩大应用形成标准	全面应用管理提升

图 2 大型建筑施工企业 BIM 应用能力发展阶段及相关目标

4.3 BIM 应用组织规划

主要是根据 BIM 发展目标及应用需求，在企业组织架构中明确 BIM 团队的位置，以及确定 BIM 团队规模。大型建筑施工企业应用 BIM，可以在公司层面成立 BIM 应用领导小组，领导小组组长建议由企业技术负责人承担，小组成员应包括工程管理部门、技术质量部门、合同管理部门、信息部门以及财务部门的部门负责人。BIM 应用领导小组负责 BIM 应用的总体策划、协调，包括组建团队、确定技术路线等。BIM 应用领导小组下设 BIM 应用工作小组，由企业技术部门负责人承担组长，负责 BIM 技术的具体实施与应用。BIM 应用工作小组应包括相关业务部门人员以及企业下属各单位的技术负责人。

BIM 应用的实施方式主要有三种，即采用外部咨询机构的模式、外部咨询与自有力量相结合模式以及完全依赖于自有力量的模式。需要在对企业的基础管理、科研能力、信息化基础、财务投入等方面进行综合评估

后进行确定。企业的 BIM 团队可以是 BIM 小组或者是 BIM 中心，可下设于技术管理部门或工程管理部门或单独组建。BIM 团队的规模、人员数量及素质要求等应根据企业的 BIM 发展目标来定。一般来讲，建模人员要求工程类相关专业，有计算机基础，大专及以上学历；BIM 项目经理的招聘建议以工程管理专业背景为主，有信息化基础，要求本科及以上学历。

4.4 BIM 应用基础设施

BIM 应用基础设施主要包括硬件配置与软件选型。首先，应为 BIM 应用工作小组成员及 BIM 团队配置合适数量的高配置的台式电脑、笔记本电脑及相应的软件，用于演示、培训、操作使用。配置由实际情况决定，建议配置如表 2 所示。

BIM 应用的一个显著特点是，BIM 不是一个软件能够完成的工作，或者说 BIM 应用目标的实现需要多个软件的支持。不同应用阶段以及不同行业的主要 BIM 软件分析如表 3 所示。

主 要 硬 件 配 置　　　　　　　　　　　　　　　　表 2

配置	台式电脑	移动笔记本
CPU	Intel Xeon E5-2620 v2 2.1 1600 6C 1stCPU	带英特尔 HD 4600 显卡的英特尔 ® 酷睿 ™ i7-4800MQ 处理器（2.7GHz、6MB 高速缓存、4 核）
内存	16GB DDR3-1866 (2x8GB)1CPU RegRAM	16GB 1600MHz DDR3L SDRAM (2x8GB)
硬盘	2 * 1TB 7200 RPM SATA HDD	750GB SATA 硬盘（7200rpm）
显卡	NVIDIA Quadro K2000 2GB 1st GFX	NVIDIA Quadro K4100M(4GB GDDR5 独立显存)

在具体选择时，需要综合考虑适用行业、本地化程度、服务商质量、专业模块、信息交互能力、硬件要求、易用性、经济性、对二次开发的支持、功能扩展性、客户体验等方面进行确定。如在建模软件上，民用建筑以 Autodesk Revit 居多；工厂设计和基础设施以

Bentley 居多；项目完全异形、预算比较充裕的可选择 Digital Project 或 CATIA。BIM 平台比较知名的产品有 Dassault 公司的 Enovia 平台，Bentley 公司的 ProjectWise 平台，RIB 公司 iT-WO 软件，EcoDomus PM 系统，清华 4D-GCP-SU 系统，广联达 BIM5D 等。比较如表 4 所示。

主要 BIM 软件功能分类　　　　　　　　　　　　　　　　　　　　表 3

应用	方案设计	初步设计	施工图设计	施工管理	运维管理
规划	SketchUP Rhino Catia GC				
建筑		SketchUP Revit AECOsim ArchiCAD Catia	Revit AECOsim	Navisworks Navigator Delmia Synchro Virtual Constrution Visual Simulation Visual Estimating Luban 5DBIM iTWO 4D-GCPU	Archibus Facility Manager
结构		PKPM Revit AECOsim Tekla	Revit AECOsim		
机电		Revit Civil3D AECOsim OpenRoads OpenCivil	Revit AECOsim OpenRoads OpenCivil RM Bridge MagiCAD Tfas Rebro 鸿业 天正		
能耗分析		Ecotect			
算量		鲁班、广联达、斯维尔			
协同管理	Vault、ProjectWise、Enovia				

BIM 平台比较　　　　　　　　　　　　　　　　　　　　　　表 4

软件 因素	Dassault Enovia	Bentley ProjectWise	RIB iTWO	清华 4D-GCPSU
功能	协同管理 采购管理 项目管理 法律管理 ……	文档管理 协同管理 流程管理 ……	成本管理 进度管理 分包管理	施工管理 定制为主 …
扩展性	非常丰富，满足二次开发	比较丰富，基本满足二次开发	基本满足模型输入要求	比较丰富

续表

软件 因素	Dassault Enovia	Bentley ProjectWise	RIB iTWO	清华 4D-GCPSU
实施简易度	较难，需要较多的二次开发	较容易，基本功能可以较快设置好	一般，需要大量初始化数据	较难，大部分功能需要定制
客户满意度	一般	很好	很好	较差
初期投入成本	很高	较大	较大	很低
实施风险	较大，需要大量的二次开发，投入很大	一般，基础平台比较好，但是功能需要优化和本地化，投入较大	一般	较大，需要大量的定制，实际效果和投入都无法控制
特点	模块丰富，项目管理能力强，价格昂贵，施工企业适用性一般	模块丰富，项目管理能力一般，价格昂贵，二次开发多，施工企业适用性强	侧重5D，项目管理能力一般，价格略贵，扩展性一般，施工企业适用性强	侧重4D，项目管理能力差，价格一般，需大量定制，施工企业适用性强

4.5 BIM 应用教育培训

BIM 应用的教育培训应分为三个层次：领导层、管理层、操作层。人员培训要坚持按需施教、务求实效的原则，根据员工多样化培训需求，分层次、分类别地开展培训，同时要确保培训的针对性、实效性及系统性。BIM 分级培训体系如表 5 所示。

BIM 分级培训框架　　　　　　　　　　　　　　　　　　表 5

培训层次	培训形式	培训机构选择	培训内容
高层管理人员（公司管理层、下属各单位管理层）	各种 BIM 高端论坛、峰会 国内外企业参观学习 该领域相关专家的高端讲座 聘请 BIM 专家顾问及研讨	高校及相关科研机构	BIM 技术发展趋势及行业动态 BIM 技术与企业发展战略 BIM 应用的方向及可能商业模式 如何推动企业 BIM 技术的有效应用 企业 BIM 技术团队人员配置及团队打造
中层管理人员（项目管理人员，BIM 技术中心管理人员）	专家教授的讲座 上下游企业及关联企业的学习参观 典型 BIM 项目应用案例研讨	解决方案供应商 BIM 咨询服务商 高校及相关科研机构	如何制定项目层面 BIM 应用实施计划 BIM 项目应用的关键技术、组织模式 企业 BIM 技术核心软件选型、整体解决方案制定及相关平台的开发 BIM 在项目策划、设计、施工及运营过程的应用 BIM 典型示范案例的成果展示、应用经验与教训

续表

培训层次	培训形式	培训机构选择	培训内容
专业技术人员（项目实施人员，BIM 技术中心研发实施人员）	BIM 专题技术讲座 BIM 团队的沟通与交流 外部培训与内部培训相结合	软件开发商 BIM 培训企业	BIM 软件实操培训 BIM 软件优缺点对比分析

4.6　BIM 应用科研计划

企业要真正掌握 BIM 技术，必须要对 BIM 进行深入研究、开展实践，以及在实践中有效总结经验，配套的科研计划必不可少。BIM 应用科研规划应包括试点项目选择、科研计划、科研经费等方面。每个建筑施工企业的产品结构与产品特点不同，应根据企业的市场战略与核心竞争力打造的需求选择有代表性的项目作为试点，试点项目的数量应根据 BIM 应用的成熟程度逐渐增多。针对试点项目，应该从两个层面开展科研工作，一个层面是项目层面，从 BIM 的具体应用价值点进行研究，如进度、质量、安全等项目管理等；另一个层面，是从企业的 BIM 应用价值点开展研究，如建立 BIM 管理流程、管理体系、相关标准等。最后，应用 BIM 是一个比较烧钱的工作，企业要根据财务状况以及 BIM 应用的总体目标，做好相关预算，为 BIM 应用与推广提供足够的经费支持。

5　大型建筑施工企业 BIM 应用规划实施中应注意的关键问题

大型建筑施工企业 BIM 应用规划的制定是企业战略的一部分，直接影响到 BIM 应用的实施与控制。在编制规划的过程中，有以下几个问题需要特别关注。

5.1　BIM 咨询机构选择

企业选择与专业咨询机构合作，是开展

BIM 应用规划的有效方法。主要是专业咨询机构长期关注 BIM 技术，具有较深厚的理论与实践基础，具备 BIM 生产力建设咨询能力，可以帮助制定企业 BIM 应用总体战略以及关键步骤的实施。企业 BIM 应用规划基本上会涉及企业大部分业务和管理部门，甚至是一部分业务伙伴，需要进行广泛而又深入的综合调研，通常需要 1 年左右的时间，因此选择一个合适的 BIM 咨询机构是最佳途径。BIM 专业咨询机构一般包括 4 种类型，即高校科研机构、BIM 专业咨询公司、BIM 软硬件供应商、同类企业。不同类型的 BIM 咨询机构有不同的优势，在选择时应从以下几个因素进行考虑：（1）是否具备制定企业 BIM 生产力总体战略规划的能力和类似企业成功案例；（2）是否对企业 BIM 应用的主要产品类型及关键步骤具备实施能力和成功案例；（3）是否具备解决企业 BIM 实施过程中遇到的各种可能出现的问题的能力。

5.2　BIM 软件选型

目前，BIM 软件的开发滞后于 BIM 应用需求，国外的 BIM 软件在国内应用存在水土不服的现象，我国缺乏自主研发的 BIM 软件，而且除了房建领域的 BIM 软件相对较多外，适用于其他基础设施等的 BIM 软件还不太成熟。为了满足企业 BIM 应用的需要，在软件选型上可以选择三种路径：一是选用市场上成熟的 BIM 软件，但这可能限制企业的 BIM 价值应用；二是和一些 BIM 软件开发商进行合作，在现有软件上进行适当修改，使之更符合公司的管理需要，但这要与软件厂商的接洽谈判，目前有很多软件厂商也愿意这样做；三是市场上没有满足需要的软件，企业选择自行开发，这样可以保证充分满足管理需要，但投入与风险比较大。具体选择哪种方式，也需要企业在做 BIM 规划时进行充分评估。

5.3 BIM 团队建设

根据经验，一个大型的建筑施工企业的 BIM 团队应该包括：BIM 战略总监、BIM 项目经理、BIM 专业工程师、BIM 模型工程师、BIM 信息应用工程师等。BIM 战略总监负责制定 BIM 应用战略与监督实施；BIM 项目经理负责协调团队，负责 BIM 应用和分析，决定 BIM 如何能够最好地为某个特定项目服务；BIM 专业工程师负责管理和使用 BIM 模型，保证 BIM 工作遵守标准与规范；BIM 模型工程师负责 BIM 建模和分析；BIM 信息应用工程师负责基于 BIM 模型的信息管理系统开发与管理。这些 BIM 团队核心成员要对工程和设计有充分的理解，要有足够的工程专业技术的经验，要有丰富的施工现场工作经验，以及匹配的知识体系和理论支持，否则会造成 BIM 团队与各参与方的沟通障碍，最后增加 BIM 实施成本，而无法发挥其最大价值。同时，BIM 团队核心成员的变动与理解不一致也会造成 BIM 实施的风险，并带来巨大的价值损失。

6 结语

据统计，目前 BIM 在施工企业已经有 100 多个应用点，而且随着 BIM 技术不断完善，BIM 软件系统功能不断增强，在施工阶段还会有更多的细项应用[8]。大型建筑施工企业必须充分重视 BIM 的发展趋势，紧跟技术潮流。BIM 应用的最佳切入点是通过项目的具体应用，BIM 技术只有跟企业管理相结合起来，才能真正应用，并发挥巨大价值，因此要在全企业范围内全面应用 BIM，形成企业 BIM 生产力能力，就必须做好 BIM 应用的顶层规划。这需要高层领导的充分重视以及积极推动。结合当前的实践经验，合理设定 BIM 应用目标、组建 BIM 团队、正确选择软件、加强 BIM 培训、开展相关科研等均是实施中的关键点。

参考文献

[1] 何清华，钱丽丽，段运峰等 . BIM 技术在国内应用的现状及障碍研究 . 工程管理学报，2012，26.（1）：12-16.[1].

[2] 贺灵童 . BIM 在全球的应用现状 . 工程质量，2013.12(3)：12-19.

[3] 何关培 . 施工企业 BIM 应用技术路线分析 . 工程管理学报，2014.28(2)：1-5.

[4] 崔晓 . BIM 应用成熟度模型研究 . 哈尔滨：哈尔滨工业大学硕士论文，2012.

[5] 李建成，王朔 . BIM 能力成熟度模型简介 . 计算性设计与分析——2013 年全国建筑院系建筑数字技术教学研讨会论文集[C]，2013：136-139.

[6] 龚小军 . 作为战略研究一般分析方法的 SWOT 分析 . 西安电子科技大学学报（社会科学版），2003.13(1)：49-52.

[7] 耿跃龙 . BIM 工程实施策略分析 . 土木建筑工程信息技术，2011.3(2)：51-54.

[8] 2014 年度施工企业 BIM 技术应用现状研究报告 . http：//www.shjx.org.cn/article-6157.aspx.

超近距多孔平行地铁隧道的
施工与运营风险分析

徐海清[1]　陈　健[2,3]

（1. 武汉地铁集团有限公司，武汉 430030；2. 华中科技大学工程管理研究所，武汉 430074；
3. 湖北省数字建造与工程安全研究中心，武汉 430074）

【摘　要】随着我国地铁建设逐渐进入高峰期，在建与既有隧道重叠、交错的情况逐渐增多。区间隧道复杂的空间方位布置，给设计施工及运营管理带来了新的风险与挑战。本文应用理论分析和三维有限元数值模拟的方法，对近接形式中多孔平行隧道的施工与运营风险问题进行了详细地研究，对相应的风险及对策进行了初步地讨论。本文的研究工作对同台换乘地铁隧道结构的施工及长期运营安全的问题，具有重要的工程意义。

【关键词】超近距；多孔平行地铁隧道；施工与运营；风险分析

Risk Assessment and Countermeasures
for Construction and Operation of Ultra-close
Parallel Metro Tunnels

Xu Haiqing[1]　Chen Elton J.[2,3]

（1. Wuhan Metro Group Co. Ltd. ，Wuhan 430030；

2. Institute for Construction Management，Huazhong University

of Science & Technology，Wuhan 430074；

3. Center for Digital Construction and Safety of Hubei Province，Wuhan 430074）

【Abstract】As the metro construction in China is stepping into a peak age，an increasing number of new tunnels are now constructed overlaying or being parallel to existing tunnels. Complex relative positions of multi-tunnels leads to new risks and challenges for design、construction and operation management. This paper applies theoretical analysis and 3D FE simulation to specifically study the construction and operation risks for ultra-close parallel metro tunnels. The risks and corresponding countermeasures are preliminarily discussed. The research work is significant for construction and long-term operation safety of tunnel structures between cross-platform interchange stations.

【Keywords】 ultra-close; multi parallel metro tunnel; construction and operation; risk assessment

1 引言

我国城市化进程正在快速推进。这也带动了以地铁建设为主的地下空间综合利用的大发展。在城市繁华区域或一些特定的地段，由于受地铁线路间换乘方式、地下既有建（构）筑物以及地质条件、地下空间综合开发利用等综合因素的制约，隧道间或隧道与其他构筑物之间的距离变得越来越小。出现了大量在既有建（构）筑物（如隧道、地面建筑物等）邻近新建隧道和一次性建成小净距多孔隧道的工程实例。如深圳地铁的老街—大剧院的交错重叠隧道（盾构、矿山法施工），最小净距 1.0m；上海的明珠二期浦江南路站—南浦大桥站的小净距交叠～重叠的盾构区间隧道最小净距 2.0m；上海地铁 2 号线人民公园站—河南中路站上下行线区间交叠隧道等。随着施工间距的减小，施工引起的扰动将显著增加，由此引发一系列的问题：如已建构筑物的受力与变形、已建隧道管片的受力与变形、地下管线的变形与受力、地表的沉降与隆起、运营期地基在长期振动荷载下的不均匀沉降、多列车运行情况的环境振动情况等，这些都是关系到盾构隧道施工安全及运营期和谐的关键因素，是制约着城市地铁和谐发展的关键技术。

国内地铁建设虽然在近十多年取得了飞速的发展，也取得了一定的研究成果[1~8]，但总体来说由于我国的地铁建设起步仍较晚，过去的十多年主要是一期建设，出现近距离、多孔隧道的情形相对来说比较少，因此在近距离多孔隧道的设计及施工经验积累方面仍显不足。在国外，四孔近距离隧道的工程实例也不多见，仅有的两个典型案例出现在日本[9]和新加坡[10]，其次是有部分针对三孔隧道的研究成果[1]。随着我国地铁建设的深入发展，部分城市进入地铁的二期建设，近距离多孔隧道相互穿越的工程必将大量涌现，这给超近距离盾构隧道的施工带来了挑战，同时，这些近距离盾构隧道在运营期也面临着十分严峻的考验，如多孔隧道的抗震性能、地基土在长期列车振动荷载下的不均匀沉降以及多列车同时运行时引起的环境振动问题等，这些均给地铁建设的设计、施工等方面均带来了严峻的考验。因此，极有必要对紧邻多孔交叠隧道近距离施工的相关关键技术开展研究，为我国蓬勃发展的地铁建设提供依据和指导。

本文以武汉地铁建设为背景展开研究。武汉地铁 2、4 号线洪山广场站、中南路站是相邻的同站台换乘车站，为实现连续同站台换乘，两车站之间的区间隧道呈上下相互重叠、交错的结构。这给设计施工带来高风险和新挑战。本文应用了理论分析和数值模拟的方法，对近接形式中的四孔平行隧道的施工与运营风险问题进行了研究，包括紧邻多孔隧道近距离施工的相互影响、后建隧道对已建隧道的影响、隧道抗震性能评价、地铁列车引起的环境振动评价等问题，这些都是直接关系到同台换乘地铁隧道结构的施工及长期运营安全的关键性技术问题，因此具有重要的工程意义。

2　工程背景

武汉地铁 2、4 号线洪中区间位于洪山广场站与中南路站之间，基本沿中南路道路中心布置，洪山广场站与中南路站均为 2 号线和 4 号线的换乘站。2 号线区间左线里程范围为 ZK18＋705.000～ZK19＋394.340，2 号线区间右线里程范围为 ZK18＋705.210～ZK19＋397.560。4 号线区间左线里程范围为 ZK18＋703.898～ZK19＋413.900，4 号线区间右线里程范围为右 ZK18＋703.898～ZK19＋408.900。2 号线区间线路总长 1381.88m（双线），4 号线区间线路总长 1415m（双线），区间概况归纳见表 1。隧道结构采用预制装配式钢筋混凝土单层内衬，错缝拼装，环片内径 $\phi5.4m$，厚 0.3m，宽 1.5m。管片强度等级 C50、螺栓强度等级 4.6 级。

洪山广场站—中南路站区间隧道左线总长 1399.330m，右线总长 1397.350m。全线最小平曲线半径为 350m，纵断面呈节约型"V"坡，最大纵坡为－27.350‰，区间隧道顶部埋深在 12.8～19.3m 之间。

地震荷载作用下隧道拱顶与拱底的水平位移及水平相对位移（单位：mm）　表 1

工况	隧道	中震		大震	
		水平位移	相对位移	水平位移	相对位移
$d_1=d_2=1.2m$	2R 隧道拱顶	17.58	1.49	34.20	2.95
	2R 隧道拱底	16.09		31.25	
	2L 隧道拱顶	16.00	1.26	30.46	2.75
	2L 隧道拱底	14.74		27.71	
$d_1=d_2=2.0m$	2R 隧道拱顶	19.21	1.77	36.91	4.19
	2R 隧道拱底	17.44		32.72	
	2L 隧道拱顶	16.99	1.52	33.13	3.71
	2L 隧道拱底	15.47		29.42	
$d_1=d_2=4.0m$	2R 隧道拱顶	21.84	1.93	39.44	5.64
	2R 隧道拱底	19.91		33.80	
	2L 隧道拱顶	18.28	1.76	36.78	5.11
	2L 隧道拱底	16.52		31.67	

隧道分布示意图如图 1 所示，其中图 1 （a）为区间典型隧道近接形式的分区示意图，图 1 （b）为全里程的隧道中心线高程变化曲线图。本文研究的是第 I 区段内的超近距四孔平行隧道的相关问题。

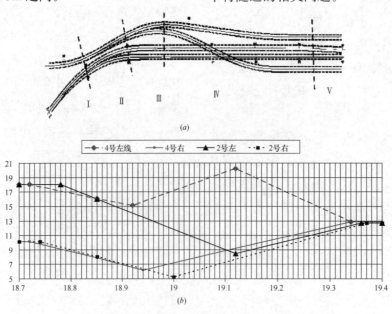

图 1　洪中区间盾构隧道分布示意图

（a）洪中区间隧道分区示意图；（b）洪中区间盾构隧道各条隧道中心高程变化曲线

3 超近距多孔平行隧道施工风险分析

3.1 计算模型

第Ⅰ区段的范围：ZK18＋700～ZK18＋800，长 100m。该区段在建模时的简化方案：2R、2L、4R、4L 均为直线隧道。该区段隧道衬砌外边缘垂直间距仅 1.5m，这是本区段的重点风险因素。

但考虑到：（1）前面水平距离较大，施工相互影响较小；（2）4 条隧道均为直线隧道。因此，仅以最小间距（ZK18＋800）处尺寸为模型横截面（图 2），计算长度选取为 60m，宽度取 80m，深度取 40m。图 3 为有限元计算模型。在地铁施工中，结构强度一般都能满足要求，而控制设计的往往是对结构的变形要求，因此，施工与运营中的变形风险是本研究

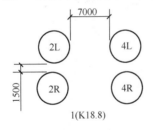

图 2 四孔平行隧道横截面示意图

的关注重点。施工风险的主要分析内容包括：地表变形（横向沉降槽和纵向沉降曲线）和隧道变形（竖向变形和侧移）。地表变形的监测内容见图 3 中的标注。

3.2 地表沉降

图 4 为各隧道掘进时地表上监测点的纵向沉降。如图所示，（1）右线开挖对地表的沉降影响不大，均在规范规定范围之内，但当左线开挖后，地表变形在盾构机通过监测断面后急剧沉降；（2）盾构机前方影响范围约为 30m（约 5D，D 为隧道外直径），后方影响范围约为 15m（约 2D）；（3）没加固时地表最终的沉降值达到了 32mm，超出了规范要求。

图 5 为各隧道掘进时地表横向沉降槽曲线。如图所示，（1）当仅开挖 2 号线时，最大沉降部位为 2 号线隧道轴线对应的地表，当 2 号线和 4 号线均开挖时，最大沉降部位位于两条线隧道轴线中间对应的地表；（2）对于右线隧道的开挖，两侧影响较显著的范围约为单侧 30m，即 5D 左右；（3）对于左线隧道的开挖，两侧影响较显著的范围约为单侧 25m，即 4D 左右；（4）隧道埋深越大，其影响范围越宽，但地表沉降值较小。

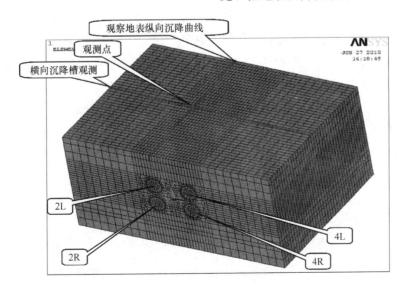

图 3 有限元计算模型

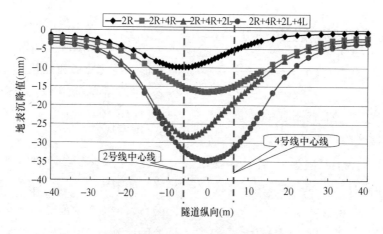

图4 第一区段地表纵向沉降曲线

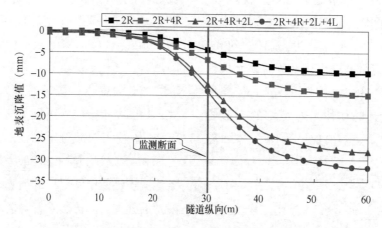

图5 第一区段地表横向沉降槽曲线

3.3 隧道变形

在模拟施工过程中，本研究通过监测隧道衬砌上的四个特征点的变形变化规律，以反映隧道在动态开挖过程中隧道的变形特征。四个特征点分别为：隧道拱顶、隧道拱底和隧道两侧拱腰，如图6所示。由于2R是最先开挖的隧道，后续各条隧道的开挖均对其有影响，因此，本节仅给出2R隧道上四个特征点的变化曲线。

图7～图10分别为2R隧道拱顶、拱底和左右拱腰在动态开挖过程中的沉降曲线，由图可见：（1）隧道较大的变形均发生在盾构通过监测断面前后5m（约1D）范围内；（2）拱顶以下沉为主，在2R自身开挖完成后下沉量约22cm，在4R开挖完成后约为24cm，增加了

2mm，表明4R的开挖对2R的影响并不显著；但2L开挖完成后拱顶回弹上扬了约8mm，最终下沉量约为15mm；（3）拱底以回弹上仰为主，在2R开挖完成时拱底回弹上扬了10mm，在4R开挖完成时拱底有少量下沉，在开挖2L时虽也引起拱底一定回弹上扬，但回弹量不大，并最终稳定在11mm，后续施工对拱底变形的影响较小；（4）拱腰以下沉为主，左线开挖时导致了拱腰有一定的回弹上扬，但最终还是趋于下沉，右拱腰的下沉稍大于左拱腰，最终稳定在3mm；（5）总体来说，对于本区段上下完全重叠的平行隧道而言，其下沉或回弹主要取决于其自身（2R）与上部隧道（2L）的开挖，而临近隧道对其竖向变形影响不显著（因为4号线与2号线的净距有7.2m）。

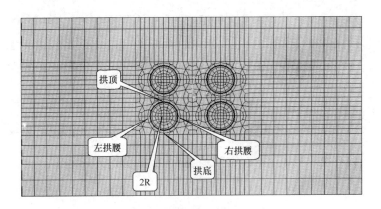

图 6　选取的隧道特征点示意图

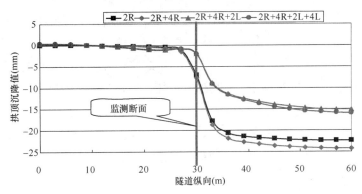

图 7　2R 拱顶随盾构推进的沉降变化曲线

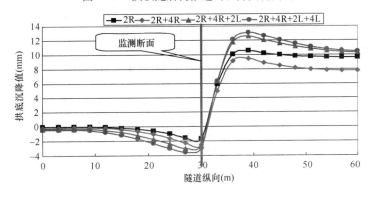

图 8　2R 拱底随盾构推进的沉降变化曲线

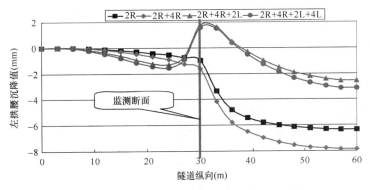

图 9　2R 左拱腰随盾构推进的沉降变化曲线

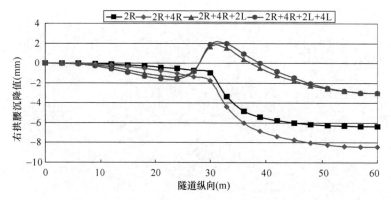

图 10　2R 右拱腰随盾构推进的沉降变化曲线

图 11～图 14 分别为 2R 隧道拱顶、拱底和左右拱腰在动态开挖过程中的侧移曲线，由图可见：

（1）2R 自身开挖时，隧道拱顶、拱底水平向侧移很小，右拱腰发生向右 3mm 的侧移，左拱腰发生向左约 3.1mm 侧移，这与前面隧道沉降分析相一致，即隧道整体上被压扁（拱顶下沉，拱底回弹，拱腰外扩），但需注意的是左右拱腰在盾构到达时有一定的波动，此时应及时加强支护；4R 开挖完毕时，与 2R 开挖完毕时曲线趋势基本一致，但 2R 的拱顶、拱底均向右侧移了 0.5mm 左右，左拱腰向左侧移从 3.1mm 降为 2.8mm，右拱腰向右侧移从 3mm 增至 3.5mm，表明 4R 开挖后，2R 整体发生了向右的旋转；

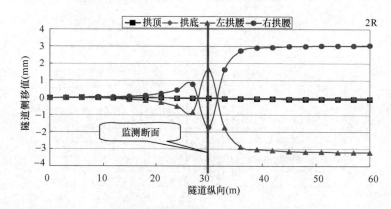

图 11　2R 开挖完毕时 2R 四个特征点的变化曲线

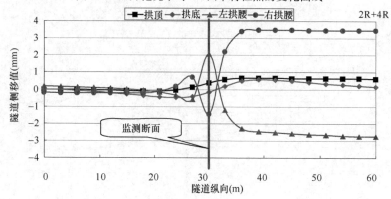

图 12　4R 开挖完毕时 2R 四个特征点的变化曲线

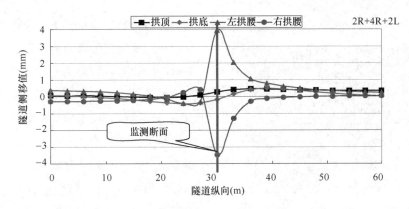

图 13　2L 开挖完毕时 2R 四个特征点的变化曲线

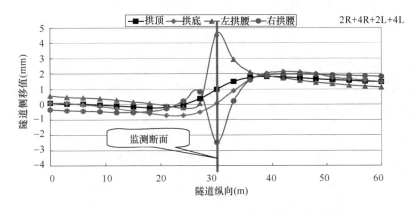

图 14　4L 开挖完毕时 2R 四个特征点的变化曲线

（2）左线隧道（2L、4L）的开挖，导致 2R 同时产生回弹与侧移等，因此，左线开挖后，隧道整体的侧移均较小，在 2mm 左右；

（3）总体而言，隧道在盾构开挖过程中以及最终的侧移量均不大，仅在盾构通过监测断面时侧移量有急剧增大的趋势，但当盾构通过后，又很快趋于稳定。

3.4　施工风险的讨论

此类超近距多孔平行隧道在施工过程中，上部隧道开挖时，下部完工隧道将会因此产生整体上浮的风险，应对既有隧道结构采取整体抗浮加固。对于超近距离的盾构隧道施工，后建隧道对已建隧道的变形影响较大，建议在已建隧道内部设置内支撑，减小已建隧道的变形。在盾构施工过程中，其影响范围大约为：盾构机刀盘前方约 $5D$，后方约 $3D$，两侧约 $7D$ 以内（D 为隧道外径）。隧道埋深对施工过程中地表的变形影响显著，施工中需要密切监测周边既有结构的差异沉降导致的安全风险，特别是在双线隧道对应地面的强烈影响区（Ⅰ）与显著影响区（Ⅱ）范围内。

4　超近距多孔平行隧道运营风险分析

4.1　计算模型

四孔平行交叠隧道：横向计算宽度取两隧道衬砌外侧边缘宽度（记为 D）的 5 倍，纵向计算长度取 100m 左右，消除两端各约 1D 的边界影响范围，将中间段作为分析对象，根据武汉市的地质情况，一般 50m 深度处即可达到基岩面，因此，竖向取 50m。四孔垂直交叠隧道：横向和纵向按上述横向取值的原则取相同的计算范围，竖向取 50m。计算范围示意如

图 15 所示。

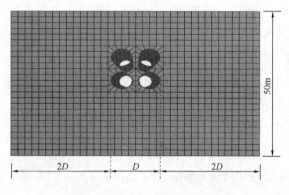

图 15　计算范围选取示意图

静力计算边界条件为，模型四个侧面均约束相应的水平向位移，底部取为竖向固定、水平自由的边界，表面为自由变形边界。动力计算边界条件为，在模型的四个侧面上均采用自由场边界条件，底部取为竖向固定、水平自由的边界，顶面为自由变形边界。动力计算时，在 50m 基岩处输入中震（50 年超越概率为 10%）和大震（50 年超越概率为 2%）的武汉人工合成波，其加速度时程及频谱特征曲线如图 16 和图 17 所示。

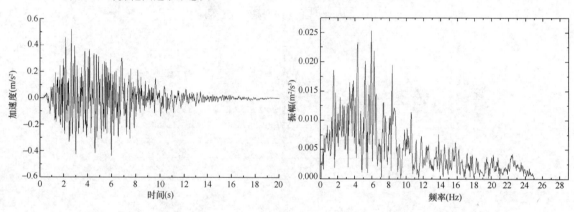

图 16　未来 50 年超越概率 10% 时地下 50m 处武汉人工地震波加速度时程及频谱特征曲线（中震）

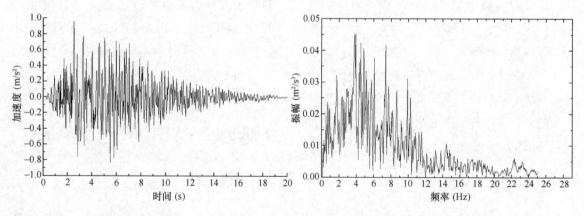

图 17　未来 50 年超越概率 2% 时地下 50m 处武汉人工地震波加速度时程及频谱特征曲线（大震）

基于已有研究成果，建议采用 Davidenkov 模型模拟武汉软土的非线性特性，Davidenkov 模型可描述为：

$$G_d/G_{max} = 1 - \left[\frac{(\gamma_d/\gamma_r)^{2B}}{1 + (\gamma_d/\gamma_r)^{2B}} \right]^A \quad (1)$$

$$\lambda/\lambda_{max} = [1 - G_d/G_{max}] \quad (2)$$

式中，A、B 和 γ_r 为拟合常数，γ_r 亦为参考剪应变，γ_d 为瞬时动剪应变，G_d 和 λ 为瞬时的动剪切模量和阻尼比，G_{max} 和 λ_{max} 为最大动剪切模量和最大阻尼比。当 $A=1$ 且 $B=0.5$ 时，Davidenkov 模型便退化为常见的 Hardin-Drnevich 模型。

4.2 地震响应

隧道在水平横向地震波作用下将产生剪切变形，因此，本报告主要给出 2R 和 2L 隧道拱顶和拱底的水平位移最大值沿纵向的变化曲线及二者的相对值。为简化篇幅，仅给出一个工况（$d_1 = 1.2 \mathrm{m}$，$d_2 = 1.2 \mathrm{m}$）时的位移变化曲线图（图 18～图 21），其余以表格的形式给出（表 1）。

由图 18～图 21 及表 1 可见：

（1）隧道拱顶的水平位移大于隧道拱底的水平位移；

（2）2R 隧道（埋深较 2L 隧道浅）拱顶与拱底的水平相对位移有一定的波动性且稍大于 2L 隧道的，而 2L 隧道拱顶与拱底的水平相对位移在中间截面基本保持不变，这些均表明浅埋不利于结构抗震，这与已有震害经验及已有计算结果相吻合；

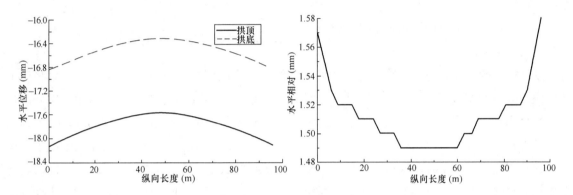

图 18　中震时 2R 隧道拱顶与拱底的水平绝对和相对位移沿隧道纵向的变化曲线

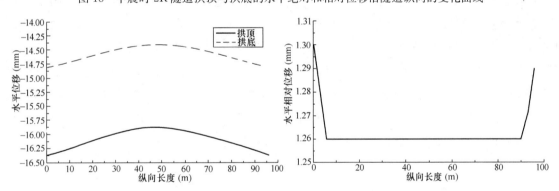

图 19　中震时 2L 隧道拱顶与拱底的水平绝对和相对位移沿隧道纵向的变化曲线

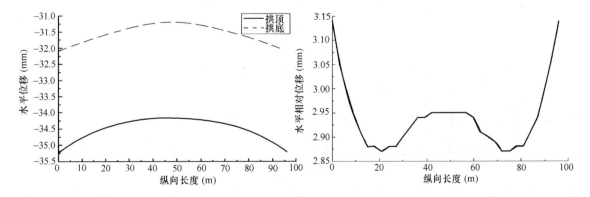

图 20　大震时 2R 隧道拱顶与拱底的水平绝对和相对位移沿隧道纵向的变化曲线

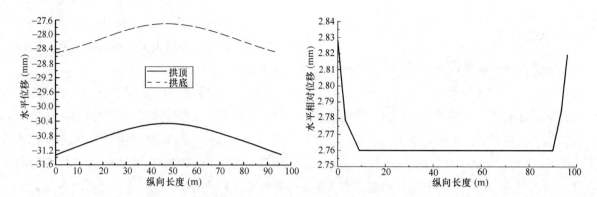

图21　大震时2L隧道拱顶与拱底的水平绝对和相对位移沿隧道纵向的变化曲线

（3）隧道的水平位移及相对位移沿结构的纵向均关于纵向跨中呈对称分布，两端位移受边界条件的影响，在纵向跨中趋于稳定，而且最大值出现在结构纵向跨中的横截面上，因此，可将纵向跨中横截面按平面应变问题考虑，且得到的结果偏于保守；

（4）不同隧道间距时，隧道水平位移有逐渐增大的趋势，但增加值并不大，而最终的相对变形仍在相关规范许可范围内；

（5）隧道结构虽有20mm左右（中震时）和40mm左右（大震时）的水平位移，但水平相对位移均较小，最大值仅1.93mm（中震时）和5.64mm（大震时），远小于相关标准的要求（隧道变形小于2‰倍的隧道外直径），表明隧道结构具有良好的整体性，能满足抗震要求。

4.3　运营振动

列车在隧道中运行时，对周边环境将产生振动影响。本报告主要给出了隧道跨中处地表的振动沿隧道水平横向的变化曲线。考虑到四孔水平平行隧道的对称性，这里仅给出了列车分别在2R，2L，2R与2L，2L与4L以及列车同时在2R、2L、4R、4L中行驶时地表振动沿隧道水平横向的变化曲线（图22～图24）。

由图22～图24可见：

（1）由于2R隧道在2L隧道的下部，埋深较大，因此当列车在2R隧道中行驶时对地表产生的振动影响较列车在2L隧道中行驶对地表产生的影响要小；

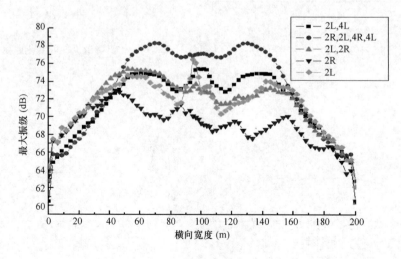

图22　$d_1 = d_2 = 1.2$m时地表振动沿隧道跨中水平横向的变化曲线

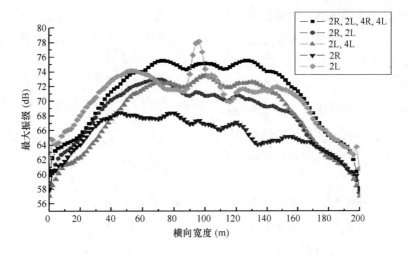

图 23 $d_1 = d_2 = 2m$ 时地表振动沿隧道跨中水平横向的变化曲线

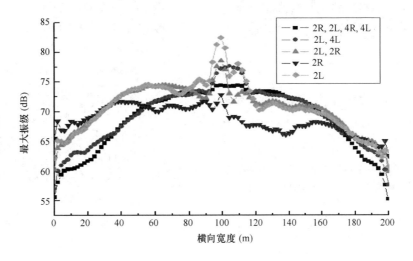

图 24 $d_1 = d_2 = 4m$ 时地表振动沿隧道跨中水平横向的变化曲线

（2）在地表振动沿隧道横向的变化曲线中，曲线的左右两边各有一处突起的区域，在此突出区域内为振动放大区；

（3）从曲线变化趋势来看，曲线的变化沿隧道横向呈现出对称分布。

4.4 运营风险的讨论

对于已经运营的地铁隧道结构抗震问题，隧道埋深越深结构抗震性能越好。同时，地震强度较弱的地区，比如武汉地区，如地铁 2、4 号线洪中区间的近距离多孔隧道开挖，其抗震性能满足抗震要求。对于地震设防等级较高的地区，在结构抗震方面，需要专门的验算与分析。

对于运营地铁列车导致的结构微振动，其隧道埋深越大，列车荷载引起的振动传到地面的就越小。对于洪中区间而言，单列和双列列车运行时基本上可满足国家标准的相关要求。但四列列车运行的情况，则超出了国家相关标准的规定，应采取一定的减振措施及运营时进行合理的调度安排。

5 结论

本文以武汉地铁 2、4 号线相邻同台换乘站间的洪中区间的地铁隧道施工与运营为背景展开研究，针对多孔隧道的复杂重叠交错形式中的超近距平行的工况，通过理论分析与三维有限元数值模拟的方法，对施工与运营风险问题进行了详细地研究，包括施工期的地表沉降风险、隧道变形风险、运营期结构的抗震风险与运营列车结构微振动风险，并对风险对策进行了初步的讨论。

这部分的研究工作及结果，是同台换乘地铁隧道结构的施工及长期运营安全的关键性技术问题中的重要组成部分，对武汉地铁建设具有直接指导意义，也为其他地区或工程中的同类超近距多孔平行隧道的施工与运营性能和风险研究，提供了有益的案例参考。

参考文献

[1] 郑余朝. 三孔并行盾构隧道近接施工的影响度研究. 成都：西南交通大学博士学位论文，2007.

[2] 孙钧，刘洪洲. 交叠隧道盾构法施工土体变形的三维数值模拟. 同济大学学报，2002，30(4)：379-385.

[3] 刘金朋. 复杂交叉隧道开挖的相关力学特性研究. 重庆：重庆大学硕士学位论文，2008.

[4] 张璞. 列车振动荷载作用下上下近距离地铁区间交叠隧道的动力响应分析. 上海：同济大学博士学位论文，2001.

[5] 张海波，殷宗泽，等. 近距离叠交隧道盾构施工对老隧道影响的数值模拟. 岩土力学，2005，26(2)：282-286.

[6] 汪伟松. 列车荷载作用下立体交叉隧道结构动力响应分析. 成都：西南交通大学硕士学位论文，2009.

[7] 姜忻良，谭丁，姜南. 交叉隧道地震反应三维有限元和无限元分析. 天津大学学报，2004，37(4)：307-311.

[8] 徐林生. 公路隧道施工围岩稳定性监测预报系统与隧道工程数值模拟研究. 上海：同济大学博士后研究工作报告，2001.

[9] Yamaguehi I., Yamazaki I. and Kiritani Y. Study of ground-tunnel interactions of four shield driven in close proximity in relation to design and construction of parallel shield tunnels. Tunneling and Underground Space Technology，1998，13(3)：289-304.

[10] Wong I. H., Poh T. Y. and Chuah H. L. Analysis of case histories from construction of the central express way in Singapore. Canadian Geotechnical Journal，1996，33(5)：732～746.

机电管道工厂化模块化中的 BIM 应用

尹 奎 王兴坡

（中建三局第一建设工程有限责任公司）

【摘 要】 为了解决机电管道工程工厂化生产、模块化安装发展的瓶颈问题，提高民用建筑机电工程信息化应用程度，本文提出了一个基于设计、预制、运输、现场施工一体化的管理平台 BIM-FC。具体介绍了 BIM-FC 管理平台的各子系统、平台环境搭建技术，以及武汉英特宜家项目的应用案例，利用管理平台查找提取设备空间、组成等信息，进行管组、泵组设计生产安装指导。说明了基于 BIM 管理的可有效提高机电管道安装的管理水平和建设效率。

【关键词】 机电管道安装；BIM 技术；BIM-FC 管理平台

1 绪论

随着建筑规模的不断扩大，机电安装工程施工任务量成倍增长，而传统的机电工程中尤其是管道施工程序复杂，组件数量庞大，且管道安装作业分散，人力物力很难集中。然而，在德国、美国、日本等发达国家，机电管道的预制加工工作量均在预制加工厂完成，然后结合现场施工进度计划、现场施工环境等情况，综合分析配送预制加工构件至现场进行组合安装。

目前我国工业管道的工厂化预制技术应用日趋成熟完善，预制加工技术主要用于以石油化工为代表的工程建设中，但在民用建筑机电工程中，管道工厂化预制加工技术仍有待进一步探索。考虑如何结合信息化技术，引进制造业全生命周期管理的理念、技术，使得机电管道的生产、安装高质高效，意义是十分重大的。

IT 行业发展日新月异，伴随着建筑信息模型（BIM，Building Information Modeling）技术的发展，建筑各阶段和各参与方之间信息集成和共享的缺失、分歧等问题也得到了一种解决的办法。

近年来国际协作联盟 IAI 发布了 BIM 数据交换的基础标准——工业基础类 IFC（Industry Foundation Classes），Building Smart 发布了 IDM（Information Delivery Manual）标准，美国国家发布了 BIM 标准 NBIMS。国内，"十五"和"十一五"期间，多个国家科技支撑项目对 BIM 的理论、方法、工具和标准进行了研究。针对建筑生命期各个阶段的 BIM 技术相关研究和应用也越来越多。

1.1 背景与意义

为了提高机电工程的安装质量、缩短施工周期、实现文明施工，且在项目竣工交付后为项目提供运营维护信息的管理，需要一个基于设计、预制、运输、现场施工一体化的可行的管理平台，因此结合前期研发的基于 BIM 的机电设备智能管理系统（BIM-FIM，BIM-based Facility Intelligent Management system），通过应用数据库、移动互联网、二维码等信息技术，研究应用一个"面向机电工程工厂化施工的管理系统"（BIM-FC，BIM-based electromechanical pipeline engineering factory system）是必要的。

应用 BIM-FC 系统主要实现以下功能：

（1）改变传统的手动建模方式，实现基于 BIM 的管道支架模型快速设计与建模。

（2）以 BIM 平台为核心，将深化设计、预制加工、材料管理、物流运输、现场施工等各工作环节有效连接，实现多参与方协同合作，提高项目管理工作效率。

（3）BIM-FC 系统将工厂化流程与 BIM 信息管理集成，实现机电管道工程预制加工和装配组合的集成交付，以便后期机电工程的运营阶段综合信息化管理。

1.2 国内外研究现状

1.2.1 建筑工业化综述

1. 建筑工业化概述

建筑工业化指的是建筑单元完全在施工现场外特定的预制加工厂进行装配和预制，然后运到施工现场进行组装。建筑工业化思想基本形成于 20 世纪 20～30 年代的欧洲，但由于种种原因，建筑工业化并未在我国得到深入的发展。

工厂化生产、模块化的安装能够保证生产的连续性、生产部件的标准化，建筑机电的工厂化生产、模块化安装将取代传统建造模式，向高效、节能、环保、平行设计、平行施工的产业化模式转变[1]。

新型建筑工业化在工程项目建设中以新型的"设计—制造—安装"模式代替传统的"设计—现场浇筑"。目前，影响新型建筑工业化实施存在的问题是不能够充分协调设计制造和安装过程之间的关系，从而影响工程工期成本和质量。因此，新型建筑工业化的主要任务是协调好建筑工程项目中预制装配式结构构件的设计、制造、安装过程之间的关系。

由于经济水平、劳动力素质等条件的不同，不同国家对建筑工业化概念的理解、实施也不尽相同，但是基本上都包含了构件设计的标准化、构件加工的预制化、现场施工的机械化等特征。见表1。

美日等发达国家对建筑
工业化的理解分析 表1

国家	对建筑工业化的理解分析
美国	主体结构构件通用化，对通用构件和设备进行社会化生产和商品化供应，把规划、设计、制作、施工、资金管理等方面的工作综合成一体
英国	使用新材料和新的施工技术，工厂预制大型构件，提高施工机械化程度，同时还要改进管理技术和施工组织，在设计中考虑制作和施工要求
日本	在建筑体系和部品体系成套化、通用化和标准化的基础上，采用社会化大力生成的方法实现建筑的大规模生产

2. 建筑工业化发展历程

建筑工业化发展至今大致包括了三个阶段。第一阶段以追求数量、提高劳动效率为重点；第二阶段则从追求数量向追求建筑品质的方向过渡，即"第二代建筑工业化"；第三阶段的建筑工业化特征不仅是以生产方式上的组织专业化、部件社会化生产和商品化供应，更应该把重点转向节能、减低物耗、降低对环境的压力以及资源循环利用的可持续发展。

与国外情形不同，20 世纪 70～80 年代，我国大规模发展建筑工业化，在"文革"时期有短暂的停滞，但为今后的发展打下了坚实的基础；到 20 世纪 90 年代，商品住宅逐步发展，现浇技术不断提升，导致建筑工业化又出现了短暂的停滞；进入 21 世纪，由于建筑能耗、建筑污染等问题的出现，建筑工业化又重新被提出，我国建筑工业化进入了新的发展时期。

1.2.2 管道及支架工厂化预制相关技术

1. 管道及支架工厂化预制

管道及支架工厂化预制是指施工企业在项目所在地建立固定的标准厂房或移动式厂房，配备机电管道及支架预制加工所需的机械装备，在工厂内完成大部分管道及支架的切割、组对、焊接防腐、检验等工作，然后将预制好的管道和支架送往现场各个施工区域进行安装和焊接，在现场只需进行少量的工作即可完成管段的施工。工厂化预制能够降低管道及支架的安装工作量，达到集中人力物力资源、降低成本、缩短工期的目的，尤其对于高层建筑和大面积建筑，更加有利于管道及支架的预制工厂化。

20 世纪 60 年代，美国、欧洲、日本等国外工程公司在管道工厂化预制方面有许多成功经验和相当专业化的技术装备，其管道工厂化预制已覆盖大部分机电安装工程，在建筑工程中基本看不到管道现场预制加工。

2. 管道及支架工厂化预制关键技术

机电管道工程管径大小不一、材质多样、壁厚系列不等，在施工过程中易受材料供应、气候条件、现场作业面等诸多制约因素影响。同时，由于管道连接中焊接量大，焊口的质量直接影响设备设施的安全运行。究其原因，主要是由于管线布置不够精确，限制了预制加工的深度和发展。

一般机电管道及支架工厂化预制的流程如图 1 所示。

在整个流程中，有如下几个关键点：

（1）现场施工图转化为预制加工图这一工作至关重要，要求把施工图进行细致的分解，形成系统管线图，然后拆分为单一管线图，由于设计图中管线长度往往跟实际加工长度不一样，因此还需要将单根管线进行分段，最终形成管段加工图和管段下料表。

（2）管道信息繁多。按信息属性分成产品信息、安装信息、预制加工分段分节信息、管

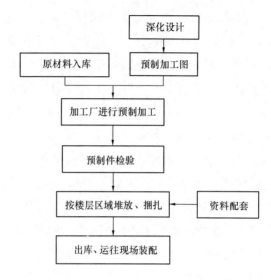

图 1 预制加工流程

子管件信息、连接件信息等；按信息存储格式分为图纸、三维模型、生产料表、统计报表等。由于项目预制加工相关信息数量巨大，使得通过人工输入解决的方式是不可行的。

（3）信息之间的关联关系复杂。管道信息、连接件信息等信息之间的相关性复杂，各阶段之间的信息关联性也比较强。

（4）目前管道及支架预制加工在设计、预制与现场安装这整个过程中信息是完全孤立的，主要通过图纸、表格等来传递信息，无法进行深入的信息共享，目前还没有现有的软件工具将这些信息有效地集成起来。

1.2.3 BIM 在机电安装工程工厂化施工过程中的应用

在建筑工厂化安装过程中，机电安装工程的工厂化施工是非常重要的一个环节。研究表明，机电设备管线的安装目前存在三个主要的挑战，首先是设计单位与施工单位之间存在信息"割裂"；其次工程师与建筑承包商在不同的协作场景下采用的技术存在显著的差别；最后，整个过程中没有提供一个专业模型供专业厂家进行预制加工。通过引入 BIM 技术以及开发管道预制管理信息系统可以有效地解决上面提到的问题。

目前国外已经开始了对管道预制信息管理系统的研究与开发工作，2009 年，缅因州的 KBS 公司成功交付了他们获奖的基于模块化安装的工程项目（New Street Project，Cambridge，MA），该项目将 BIM 技术应用到了模块化构件的设计及施工环节。STEP 标准 Part227（工厂空间配置）的第二版增加了与管道预制、检测和安装有关的内容。

目前在国内，虽然 BIM 的相关研究越来越多，管道预制的相关研究也有不少，但是将 BIM 技术引入到一体化管道预制管理中的相关研究非常少。赵民琪[2]研究了《BIM 技术在管道预制加工中的应用》，该研究中主要讨论了如何利用现有的 BIM 软件辅助实现管道的预制加工，并没有讨论如何利用 BIM 技术实现从设计到现场安装的一体化管道预制管理。何涛等人[3]研究了《面向设计、预制、施工一体化的管道预制管理信息系统》，并开发了系统雏形[3]，但是该系统并不是基于 BIM 技术的。周文波等人[4]研究了《BIM 技术在预制装配式住宅中的应用》，虽然跟管道预制有一定的差别，但也有很多相同之处，值得借鉴。

但是总体来说，目前基于 BIM 的面向设计、预制、施工一体化的管道预制管理相关的研究还比较少，可以说该领域目前还是处于空白阶段，然而随着大型公共建筑的数量逐渐增多，建筑机电行业也逐渐向建筑工厂化发展，BIM 技术的研究也正处于蓬勃发展时期，如何将 BIM 技术引入到机电工程管道预制环节，对推动建筑工业化以及 BIM 在建筑领域的发展都有着重大的意义。

2　基于 BIM 的机电管道工程工厂化管理平台

2.1　基于 BIM 的机电设备智能管理子平台

基于 BIM 的机电管道工程工厂化施工管理平台（BIM-FC）是在笔者前期研究的基于 BIM 的机电设备智能管理系统（BIM-FIM）基础上进行开发应用的，BIM-FIM 系统的功能模块组成包含集成交付平台、设备信息管理、维护维修管理、运维知识库以及应急预案管理等主要功能模块。见图 2。

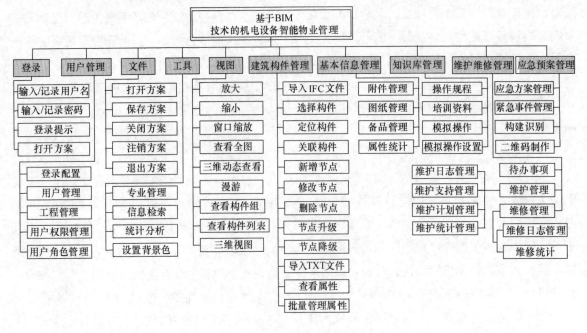

图 2　BIM-FIM 系统模块

（1）将建筑的机电设备三维模型及其相关信息导入 BIM-FIM 系统中，可将信息与系统电子化集成交付给业主方。

（2）设备信息管理功能为运维人员查询设备信息、修改设备状态、追溯设备历史等需求，提供了方便快捷的查询、编辑和分析工具，以及列表和图表等综合报表功能。

（3）维护维修管理功能为运维人员提供机电设备维护管理平台，以提醒业主何设备应于何时进行何种维护，或何种设备需要更换为何种型号的新设备等，此外还包括维护、维修日志和备忘录等。

（4）运维知识库功能提供了包括操作规程、培训资料和模拟操作等运维知识，运维人员可根据自己的需要，在遇到运维难题时快速查找和学习。

（5）基于物联网的应急预案管理功能为业主方提供设备故障发生后的应急管理平台，省去大量重复的找图纸、对图纸工作，而用二维编码技术以及多维可视化 BIM 平台进行信息动态显示与查询分析。运维人员可以通过此平台，快速扫描和查询设备的详细信息、定位故障设备的上下游构件，指导应急管控。此外，该功能还能为运维人员提供预案分析，如总阀控制后将影响其他哪些设备，基于知识库智能提示业主应该辅以何种措施，解决当前问题。

在基于 BIM 平台的机电工程工厂化施工运维管理中，BIM-FIM 主要是实现施工过程中档案资料的集成管理、维护维修的信息查询，以及应急预案的管理。

2.2 基于 BIM 的管线深化设计

基于 BIM 的管线以及支架深化设计主要包括两部分：管道划分、支架拼装。目前在实际工程中，这两部分的工作主要是在管线综合深化设计图的基础之上采用 CAD 或其他绘图工具完成的，需要进行大量的重复工作。本平台将在 BIM 模型的基础上，实现智能管道划分和支架拼装，同时能够手动修改，设计完后的数据再集成到 BIM 模型。这整个过程将会面临如下几个问题。

2.2.1 数据来源问题

由于目前 BIM 在工程项目中并未全面普及，在实际工程项目最常见的是将 BIM 应用于项目的各个阶段。综合管线图采用专业软件 Cape、Revit 绘制，绘制完成后导出为 IFC 文件，通过 BIM-FIM 系统的 IFC 文件导入功能将 IFC 文件中的信息导入到 BIM 数据库中。由 Cape、Revit 软件导出的 IFC 文件包含了构件的几何信息、材料信息及过程信息等。

2.2.2 深化设计图形平台定位问题

由于在管道划分与支架拼装过程中包含大量的小型构件，如连接件、管夹等，如果采用三维图形平台，势必会存在大量构件下图形平台的显示效率问题，更重要的是三维图形下操作复杂，不如二维图形简单明了。综合考虑，采用二维图形平台进行管道和支架的深化设计。首先从 BIM 模型中提取出管道数据，然后在二维图形平台进行管道划分和支架拼装，最后将划分好的管道及拼装好的支架生成三维模型，集成到 BIM 模型中去。

2.2.3 BIM 模型提取

在二维状态下，管道将按照其轴线位置显示出来，但是这样显示出来的图形辨识度不是很高，因此需要采用预处理的方式来提高管道的辨识度，一种有效的思路是提供一幅辨识度高的底图，然后将管道的轴线绘制在底图之上，即采用位图与矢量图结合的方式呈现图形。根据二维显示目标，需要从 BIM 模型中提取指定楼层的管道轴线位置信息，以及提取出一幅辨识度高的模型底图。

2.2.4 数据转换与集成

通过上面的处理，数据可以从 BIM 模型中转换到二维图形平台中来，然后在二维图形平台中进行设计，设计完成后，如何将管道连接件、拼装好的支架集成到 BIM 模型中去也是一个关键问题。

通过建立完整的连接件库、横梁库、立柱库，并提供管理这些库的功能，这些库中将保存各种连接件、横梁、立柱的几何及非几何信息，这样在用户设计完后，就可以将平面几何信息转化为三维信息，同时附加上非几何信息，建立好关联关系后最后集成到 BIM 模型中去。

2.3 预制组合拼装子系统

预制组合拼装子系统是基于 C/S 架构进行开发、工作，该子系统分为 5 大模块，如图 3 所示。各模块的功能如下所示。

2.3.1 前处理模块

该模块主要负责将数据从 BIM 数据库中提取出来，然后对数据进行一定的处理，供后续流程使用。采用的是二维图形平台，管道划

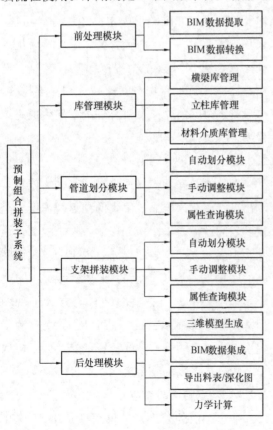

图 3 预制组合拼装子系统模块划分

分及支架拼装只需要管道的数据，其他 BIM 模型的数据则不需要，因此在前处理操作中，只提取了管道数据。为了让二维图形显示的更加直观，还对三维模型进行截图，然后采用图像处理技术，将图像变得更加直观。

该子系统是在研发的基于 BIM 的机电设备智能管理系统（BIM-FIM）的基础上完成的。图 4 显示了一个完整的综合管廊 BIM 模型。

2.3.2 库管理模块

库管理模块负责管理支架拼装中需要用到的横梁、立柱以及各种材料介质，图 5 是横梁库的主界面截图，用户可以从 xls 文件中批量导入横梁到库中，也可以手动单条录入。

2.3.3 管道划分模块

管道划分基于自动划分＋手动调整的理念，用户设定好划分间距后，系统将按照指定的间距进行管道划分。如图 6 所示。

划分完后，用户可以手动对指定的管道及连接件进行调整，图的右侧部分显示了当前用户选中的管道或连接件的属性信息，包括管道介质、材料、保温层、尺寸等。

2.3.4 支架拼装模块

支架拼装也是基于自动＋手动调整的理念设计的，与管道拼装不同的是，支架自动划分之前除了需要指定间距外，还需要选定关联管道。

划分完后，用户可以手动对指定的管道及支架进行调整，与管道划分类似，批量选中支架后，就可以对批量进行支架拼装的工作，支架拼装只要设定几个关键性的参数，就可以自动拼装完成，如图 7 所示。

2.3.5 后处理模块

后处理模块包括三维模型生成、BIM 数据集成、料表/深化图导出、力学计算等关键内容。图 8 显示了在预制组合拼装子系统下深化完成，经过后处理模块，再回到 BIM-FIM 系统下后看到的三维视图，在 BIM-FIM 下还能查看这些支架和连接件的关联属性。

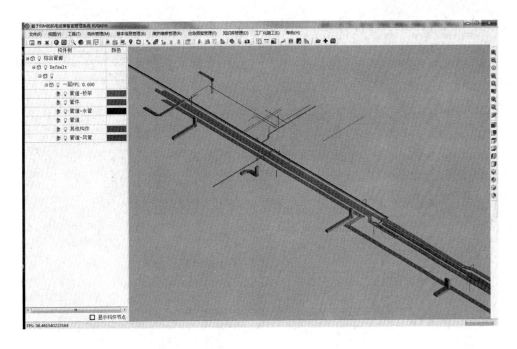

图 4 综合管廊三维模型

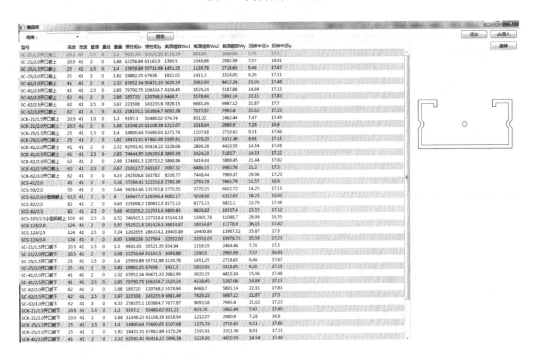

图 5 横梁库

2.4 业务流程管理子系统

业务流程管理子系统的工作基于 B/S 架构，该子系统分为 6 大模块，如图 9 所示。各模块的主要功能如下所示。

2.4.1 资料管理模块

1. 图纸管理

负责图纸的上传及下载，包括深化设计图、支架装配图等。

2. 文档管理

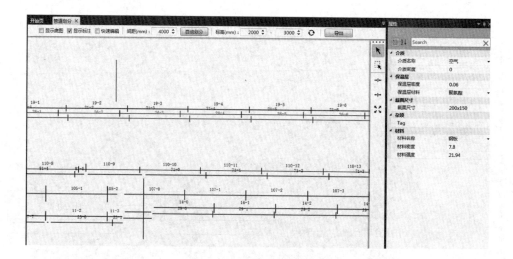

图 6　管道自动划分

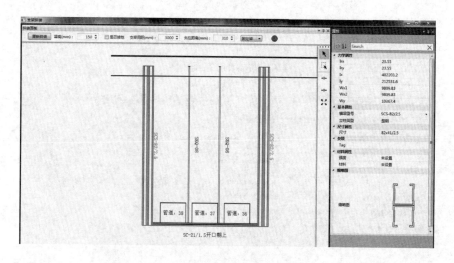

图 7　支架拼装

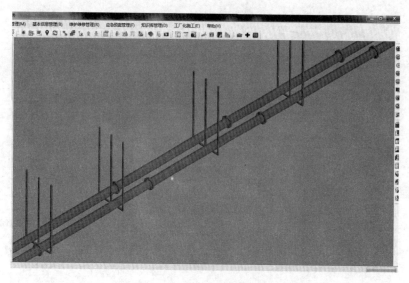

图 8　深化完成后的 BIM 模型

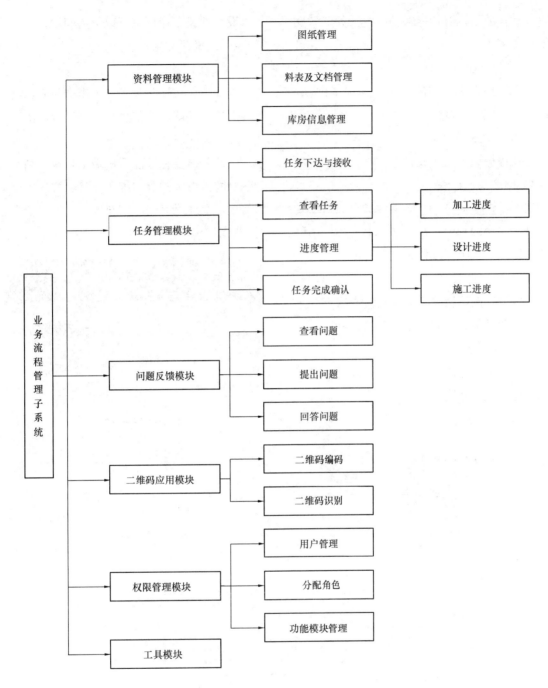

图 9 业务流程管理子系统模块划分

负责常规文档的上传下载，包括加工材料表、标准件清单表、支架受力分析计算书等。

3. 库房信息管理

管理库房的入库和出库记录，录入及查看材料采购信息。

2.4.2 任务管理模块

1. 任务下达与接收

负责下达任务和接收任务，常见的任务包括：预制加工任务、施工任务、采购任务。

2. 查看任务

当有任务下达时，能够及时将任务信息反馈给任务接收者。

3. 进度管理

负责管理常见工作的进度，如加工进度、设计进度、施工进度。

4. 任务完成确认

将任务标记为已完成状态。

2.4.3　问题反馈模块

问题反馈模块是一个能够对指定的图纸或料表进行讨论的平台，在该平台上，多个角色可以围绕同一张图纸或料表进行讨论。

1. 查看问题

可以浏览图纸所关联的问题，当前正在施工区域的图纸关联的问题排在前面。

2. 提出问题

加工厂或劳务班组可以对图纸或料表中不明白的地方提出问题。

3. 回答问题

设计部或专业厂家可以解答问题。

2.4.4　二维码应用模块

1. 二维码编码

当加工厂按照装配图加工出产品后，需要对产品进行编码，将信息存入到二维码中。

2. 二维码识别

该部分主要在智能手机端上实现，利用智能手机的摄像头拍摄二维码，从二维码中提取出信息，必要时可以联网获取更详细的信息。

见图10、图11。

图10　生成的二维码标志牌

图11　二维码管理界面

2.4.5　权限管理模块

1. 用户管理

负责用户的身份验证、更改用户资料、添加删除用户等常规操作。

2. 分配角色

对于大型企业的业务系统来说，要求管理员为员工逐一分配系统操作权限，是非常耗时和不方便的。为此，结合实际工作流程，系统提出了"角色"管理，将岗位权限一致的人员归为同一角色，然后对该角色进行权限分配。

3. 功能模块管理

负责记录系统中需要进行权限管理的模块，然后将模块与角色进行对应，只有具有权限的角色才能访问指定的模块。

2.4.6　工具模块

提供系统中常用的一些比较独立的工具，以便实现某些特殊的功能。如图 12 所示。

2.5　平台环境搭建

2.5.1　服务器端环境搭建

服务器端的操作系统是 Windows Server 2008 R2，系统的数据库采用 MySQL，安装的版本是 mysql-5.5.23-winx64，数据库安装完成后，按照需求进行配置。数据库安装完成之后还需要安装数据库管理工具，本系统采用 MySQL Workbench，安装完成这些软件之后，数据库服务器环境搭建完毕。

2.5.2　开发端环境搭建

开发端的操作系统是 Windows 7，系统 PC 端是利用 Microsoft Visual Studio 2010 进行开发，在微软的官方网站上下载安装；版本控制工具采用 TortoiseSVN，它是 Subversion 版本控制的一个免费开源客户端，功能非常强大；VS2010 中的版本控制需要另外安装插件，本系统采用 AnkhSVN，提供 VS2010 开发时版本控制功能。项目调试时需要用到浏览器，本系统采用谷歌的 Chrome 浏览器和微软的 IE9 浏览器。本系统智能手机端采用 Eclipse 开发，从官网下载 Eclipse 进行安装，运行 Eclipse 之前要进行 jdk 的安装，从甲骨文官方网站下载最新版本的 jdk，安装后即可运行 Eclipse。

系统用到的类库和框架是 ASP.NET MVC3.0 和 jQuery，安装即可。

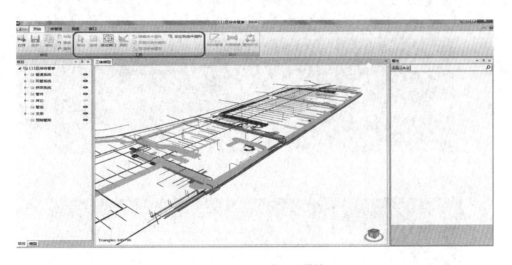

图 12　BIM-FC 中工具模块

系统的数据库采用的是 MySQL，数据库部署在服务器端，但是需要在开发端对数据库进行管理，本系统的数据库管理工具采用 MySQL Workbench，它是一款可视化的数据库管理软件，可以到官方网站下载。安装完成后需要对其进行相关配置。在配置之前需要安装 MySQL 的 ODBC 和 .NET 驱动，本系统开发时安装的 ODBC 驱动版本是 mysql-connector-odbc-5.1.10-win32，.NET 驱动版本是 mysql-connector-net-6.4.3。安装完成后，就可以实现数据库的连接。连接后就能够对服务器端的数据库进行管理，包括新建、删除、编辑表和字段等常用的功能。数据库设计工具采用的是 PowerDesigner 15，利用它可以对数据库模型进行全过程设计。

3　武汉英特宜家项目应用案例探讨

结合自主研发 BIM-FIM 系统、BIM-FC 系统，在深圳嘉里建设广场二期工程、上海湖北大厦工程、北京英特宜家项目、武汉英特宜家项目、京东商城项目，进行 BIM 技术、集成交付、施工管理的综合应用。

3.1　建筑信息模型的建立

本文以武汉英特宜家购物中心项目为例，在建立机电工程 BIM 模型后，完成了项目管组、泵组的模块化设计，然后在预制加工厂进行项目支架的预制拼装、管组的预制拼装、泵组的预制拼装。

建立符合项目要求的机电设备族库，并合理排布建立形成建筑信息 BIM 模型。建立完成后，将 BIM 模型导入自主 BIM 平台，进行模块化设计。

建立 BIM 模型的软件选择以支持 IFC 协议为主，本文采用 Revit 系列软件进行 BIM 模型的建立。BIM 模型如图 13 所示。导入自主 BIM 平台进行模块化设计如图 14、图 15 所示。

图 13　武汉宜家项目管廊 BIM 模型

图 14　武汉宜家项目管道及支架 BIM 模型

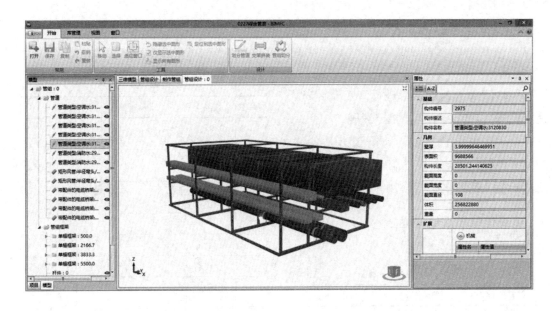

图 15 武汉宜家项目预制加工管组模块设计

3.2 管组的设计生产安装

管组是指对位置相对紧密的一根以上的相同或不同规格参数的管道，按照一定的原则、规则进行划分，然后结合管组框架形成的一个独立可安装系统。管组框架是指为满足管组系统而设计建立的，可方便管组运输、安装的稳定系统。

管组的设计、生产，以至最后的安装其流程如图 16 所示。

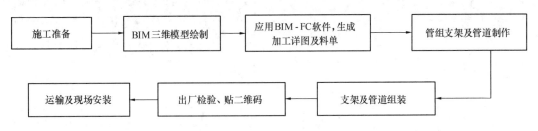

图 16 管组设计生产安装流程

在管组的设计、生产、安装过程中，应用 CAPE、REVIT 软件，绘制工程三维实体模型，对管道及支架进行定位，根据 BIM 模型，形成三维图，输出平面图。

在进行三维模型绘制过程中，对机电管线位置及空间布局进行综合排布，确保现场安装时，不出现交叉、碰头打架等现象发生。

模型导入 BIM 数据库，应用 BIM-FC 软件对系统管路进行分解，生成管组及零部件详图及材料清单。

对由 BIM-FC 软件生产的加工详图及材料清单，由技术人员进行复核，确认无误后交加工厂生产部门生产。分别对管道部分及支架部分进行预制加工，再进行管组支架的拼装及管道部分的安装。

管组拼装完毕后，粘贴二维码。

管组运输前，对其进行出厂前的质量检测。包括管组的二维码粘贴是否到位，管道法兰面密封是否到位，风管的法兰结合面密封是否到位，管架的槽钢框架是否固定牢固等问题。确认无误后，方允许出厂。

运输时，要按照现场的安装顺序进行装车运输。

采用自卸式货车对管组进行装车及卸货，运输至现场后，直接吊装至指定区域。

管组吊装至指定区域后，将管组用滚轮移动至安装位置，用葫芦及升降平台，将管组整体吊装就位。最后将空调水管道法兰穿螺栓连接，消防管卡箍连接。

主要材料见表2。

预制管组料表			表2
序号	材料名称	规格型号	用　　途
1	钢管	DN50～DN200	消防管、空调水管、给水管
2	镀锌钢板	1.2～1.5mm	排烟风管、新风管
3	C型钢	HM21\HM42\HM52\HM72	管组支架
4	桥架	100×50，150×100，200×100，300×150	动力、监控、火灾报警桥架

采用的机械设备见表3。

基于自主BIM平台应用的管组生产加工设备				表3
序号	设备名称	设备型号	单位	数量	用途
1	自动焊设备	PAWBM-16A	台	1	CO_2＋氩弧焊
2	精密切管机	CC-12B	台	1	管道切割
3	数控等离子切割机		台	1	管道切割
4	行吊	5t	台	1	管道吊运
5	台钻		台	1	钻孔
6	交流焊机	400A	台	1	管道焊接
7	便携式相贯线切割机	PPHK-24	台	1	管道开孔
8	剪板机		台	1	钢板剪切
9	折弯机		台	1	钢板折弯
10	冲床	45t、63t	台	2	冲孔

3.3　泵组的设计生产安装

泵组的总体设计、生产、安装流程与管组基本相同，不同之处在于泵组的构件相比管组更多，包括泵组的减震基础、泵组中阀门、仪表等元件的整体安装、协调。其主要流程如图17所示。

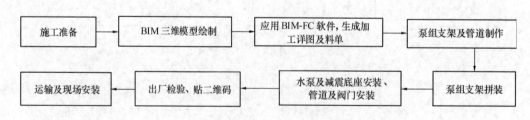

图17　泵组设计生产安装流程

进行BIM三维模型绘制时，在满足现场安装的情况下，尽量将泵组设计得紧凑，并确定泵组的分段长度，以方便泵组模块的运输及现场安装。

在案例武汉英特宜家项目锅炉房施工管理过程中，将泵组分成3个模块进行设计绘图，编号分别为1、2、3号泵组。

根据BIM-FC软件生成的加工详图及材料清单，对泵组支架及管道进行预制加工。对管道的焊接采用管道自动焊设备与坡口机结合，确保焊接质量。

泵组吊装时，应吊装支架底部，不得吊装顶部支架，以防支架变形。

泵组运输时，根据现场安装顺序，依次运

输 1、2、3 号泵组进锅炉房，用卷扬机进行水平方向倒运就位。

采用的材料见表 4。

泵组材料　　　　　　表 4

序号	材料名称	规格型号	用途
1	钢管	$DN50\sim DN350$	空调热水管
2	钢筋	$\phi 12mm$	水泵减震底座
3	混凝土	C25	
4	槽钢	〔12、〔16	泵组支架
5	阀门	$DN50\sim DN350$	泵组构件
6	法兰	$DN50\sim DN350$	泵组构件
7	水泵		泵组构件

采用的机械设备见表 5。

基于自主 BIM 平台应用的泵组
生产加工设备　　　　　表 5

序号	设备名称	设备型号	单位	数量	用途
1	自动焊设备	PAWBM-16A	台	1	CO_2＋氩弧焊
2	精密切管机	CC-12B	台	1	管道切割
3	数控等离子切割机		台	1	管道切割
4	行吊	5t	台	1	管道吊运
5	台钻	$\phi 16$	台	1	钻孔
6	交流焊机	400A	台	1	管道焊接
7	便携式相贯线切割机	PPHK-24	台	1	管道开孔
8	剪板机		台	1	钢板剪切
9	折弯机		台	1	钢板折弯

3.4　设备成组标识与基于移动平台的设备识别

3.4.1　系统逻辑梳理与上下游信息的快速关联

在项目中，成千上万的构件形成了错综复杂的结构关系。为了更好地对构件进行管理，需要对系统中构件关系进行逻辑梳理，形成逻辑上的上下游结构关系。完整的系统包括几大类型专业，其中包括建筑、暖通、强电、弱电、消防水、消防电和给水排水等专业，所以需要针对不同的专业进行系统逻辑的梳理。以下以暖通专业为例，建立构件的上下游关系，图 18 为某个区域暖通专业的简要说明。

把构件的控制构件叫作它的上游构件，把该构件控制的构件称为它的下游构件。例如：某些风管的上游构件为风机（组合式空调机组），下游构件为风管。用户可以直接在图形平台中操作，快速关联上下游的信息。形成的上下游关系为后面的应急处理等功能使用。

3.4.2　设备标识与成组机制

通过开发二维码和应用 RFID 技术，将单个设备及区域内设备的关键信息以二维码和 RFID 标签的方式标识并保存起来；当移动平

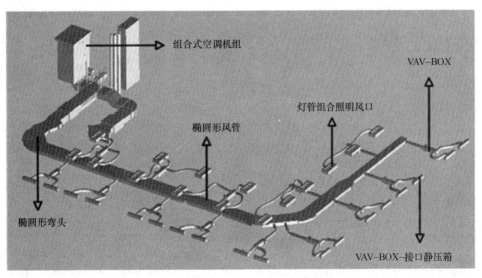

图 18　暖通专业说明图

台设备扫描到该标识时，提取其信息，进而识别该构件，识别后，调取 BIM-FC 工作流程，实现对构件、设备的运输、进出场状态管理。同时在无线网络环境下，从 BIM 数据库中获取其他相关属性信息。查询其属性信息，即可获知构件、设备的安装情况、运行状态。

为了更方便、快捷地为每个构件贴上标签，我们设计了构件的组成机制。所谓构件的组成机制就是把一定区域内的构件信息以特定的编码方式保存在二维码中。例如把某一房间内的部分或者全部构件信息都以特定的编码方式保存到二维码中，当移动终端在扫描并读取二维码的信息后，会显示所有该二维码中保存的构件，用户可以选择查看某一个构件进行信息查询，这样使得构件识别变得更加快捷、方便。

3.4.3　基于 Web Service 的异构系统信息提取

Web Service 也叫 XML Web Service。WebService 是一种可以接收从 Internet 或者 Intranet 上的其他系统中传递过来的请求，轻量级的独立的通信技术。

本文中使用移动终端进行构件的识别，需要获取构件的信息，包括构件的上下游信息、构件的详细信息、构件的图纸信息等。要解决的关键是如何把移动终端上和计算机上这两个不同平台上的软件集成起来，在这里我们使用了 Web Service，应用程序可以用标准的方法把功能和数据"暴露"出来，供其他应用程序使用，从而实现了跨平台的互操作。图 19 给出了 Web Service 原理图。

3.4.4　基于 BIM 构件的三维定位与平面定位

基于 BIM 构件的三维定位是指在三维模型中快速定位到指定的构件并且让其凸显出来。在系统中运用了关联构件技术，把节点树中的节点和它对应的构件进行了关联，通过节点快速查找到对应的构件。图形平台中显示的数百万个构件是通过三维坐标进行组织的，系

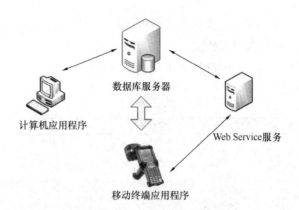

图 19　Web Service 原理图

统通过构件的网格表现数据和表示构件的三角形数据计算出构件的三维坐标值，并把所有的构件渲染在图形平台上。找到了对应的构件之后，重新设计构件的图形数据，图形平台重新渲染三维模型，此时定位的构件颜色为红色。从其他构件中凸显出来，从而实现构件的三维定位。

在本项目的移动平台终端上，使用了基于 BIM 构件的平面定位技术，亦称之为图纸定位，即在平面图纸中标出构件的位置。实现该技术需要为建筑的每一层都设计一张对应的定位图纸，当在移动终端上扫描二维码并得到构件名称和编号后，通过 Web 服务获取构件的坐标值，然后通过 Z 坐标值得到该构件所在楼层的定位图纸，最后使用构件平面坐标 (X, Y) 和图纸的长度和宽度进行计算，得出构件在定位图纸的位置，并且在图纸上高亮显示该构件。

移动终端扫描二维码应用如图 20、图 21 所示。

4　总结与展望

4.1　总结

从深化设计、模块化生产、构件运输、现场安装，以至安装完成后机电工程构件的信息管理等方面进行分析、组织，研究将各专

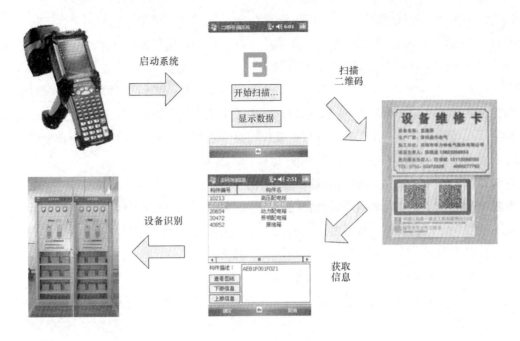

图 20　移动端扫描二维码应用

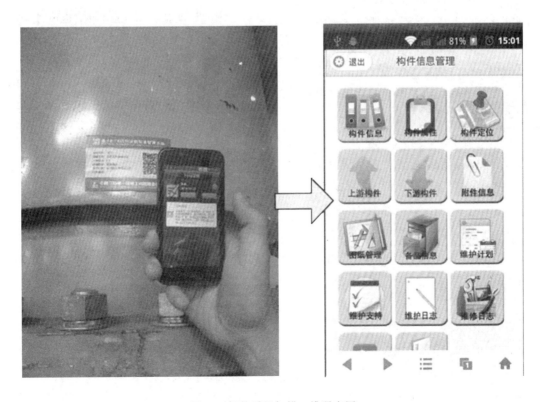

图 21　智能手机扫描二维码应用

业 BIM 模型的 IFC 格式文件，导入集成交付平台，形成 BIM 数据库。通过 BIM-FC 系统进行机电安装工程的预制加工模块化设计，主要包括管道分段、预制组合支架设计、管组设计、泵组设计，然后由系统生成加工料表，辅助工人下料，模块化生产支架、管组、泵组等

167

产品。生产完成后，通过 BIM-FC 系统生成二维码粘贴于成品上，进行成品的施工状态管理，如管组的进场状态、运输状态、安装状态。

对比传统施工模式，应用 BIM-FC 系统进行，避免了传统施工中现场加工相对开放而造成的空气污染、光污染、噪声污染等不良现象，并极大降低了现场安装人员的劳动强度。其有效保障了焊接质量、安装质量，确保整体管道施工质量满足设计及施工规范要求；较之传统做法安装质量显著提高，工厂焊缝无损探伤 100%合格，一次验收合格率 100%。达到了预期效果，社会效益和经济效益明显。

4.2 展望

基于 BIM 平台的机电工程工厂化施工运维管理亦存在一些不足及需要改进的地方：

（1）BIM-FC 目前主要针对混凝土结构建筑研究应用，没有结合钢结构建筑的实施，下一步扩大使用范围，研究钢结构建筑机电安装的不同点。

（2）联合支架的自动识别能力不强。联合支架的设置形式、大小需要考虑不同专业管道间的规范标准、安全距离、承重等因素，需要进一步改进，增加适应性。

（3）目前数控机床等设备读取的信息协议形式与建筑业 BIM 的数据格式不同，两者之间需要转换。如何把 BIM-FC 系统自动生成的数字化构配件数据，与数字化数控设备直接连接，进行全自动化生产是一个长期的、庞大的课题。

（4）施工现场的无线网络建立有难度，难以覆盖工地的每一个角落，系统又对网络依赖较大，使用流量多，需要考虑进一步优化解决。

参考文献

[1] 姬丽苗，张德海，管栉瑜．建筑产业化与 BIM 的 3D 协同设计[J]．土木建筑工程信息技术，2012（4）：41-42.

[2] 赵民琪，邢磊．BIM 技术在管道预制加工中的应用[J]．安装，2012，1：30.

[3] 何涛，李士才，孙钦伟，等．面向设计制造一体化的管道预制管理信息系统[J]．计算机辅助设计与图形学学报，2004，16(11)：13-16.

[4] 周文波，蒋剑，熊成．BIM 技术在预制装配式住宅中的应用研究[J]．施工技术，2012，22：024.

城中村渐进式改造研究

李红波[1,2]　刘亚丽[1]

（1. 昆明理工大学建筑工程学院，昆明 650500；

2. 昆明理工大学国土资源工程学院，昆明 650093）

【摘　要】以房地产开发为主导的城中村急剧式改造运动，引起一系列社会经济问题。本文反思了市场化城中村急剧式改造存在的不足，辨析了急剧式大拆重建与渐进式小规模改造的区别，阐述了城中村渐进式改造的特征和必要性，提出了渐进式改造的策略：①分析城中村改造的模式与类型，形成方案试点；②构建城中村改造的综合评价体系，实施、修正和补充；③建立城中村改造规划与方法的整体性框架，全面推广和实施。结论：采用整体适应性渐进式改造模式，通过试点及时总结经验，校正改造的策略，不同时期城中村改造的经验转换为总结纠错过程，使改造在不断深入的同时保证城市可持续更新。

【关键词】城中村改造规模；渐进式改造；急剧式改造；改造策略

Study on the gradual renewal of urban village

Li Hongbo[1,2]　Liu Yali[1]

（1. Faculty of Civil Engineering and Mechanics，kunming University of Science and Technology，kun Ming 650500；

2. Faculty of Land and Resource Engineering，kun Ming University of Science and Technology，kun Ming，650093）

【Abstract】The upsurge of radical reconstruction of urban-village on basis of the real estate development induces series of socio-economic issues. The shortcoming of the marketing-led radical reconstruction is rethought. The difference between the radical reconstruction and gradual renewal is discriminated. The characteristic and necessity of gradual renewal of urban-village is explored. The strategies of the gradual renewal are suggested：① to analysis

基金项目：国家自然科学基金项目（No.41261043，70973047）。

作者简介：李红波（1973～），男，汉族，湖北应城人，教授，主要从事城镇发展与建设、土地资源及房地产管理研究 E-mail：lihb20132013@163.com.

the models and types of urban-village reconstruction for forming the experiments and references; ② to establish the comprehensive evaluation system for carrying out, correcting, and improving; ③ to build overall frame of the urban-village renewal planning and measures for all-round spreading and carrying out. The result is to adopt the globe adaptive gradual renewal model, and to revise the renewal strategies by summing up experience from the experiments, and to transform the experience of the urban-village renewal to error correction process, and to renew sustainably city with the constant deepening renewal of urban village.

【Keywords】 the renewal scale of urban village; gradual renewal; radical reconstruction; renewal strategy

1 引言

目前，我国大部分城市面临地域空间的急剧发展与拓展，城市质量的现代化提高，城市空间功能与用地结构的调整，其中一项重要工作就是城中村改造。近年来，几乎所有的大中城市都已启动了以房地产开发为主导的城中村改造运动，改造工程量非常大（表1）。

部分城市的城中村改造计划   表 1

城市	昆明	南京	郑州	济南	天津	广州	西安
计划期（年）	2008～2013	2005～2008	2005～2012	2011～2015	2010～2012	2009～2019	2006～2015
城中村数量（个）	336	71	145	306	46	138	187

虽然改造竣工后城市空间形态和面貌得到显著改善，但总体而言，对城中村改造的议题，目前还没有形成一个全国范围适用的政策框架，城中村改造的内涵也缺乏广泛和深刻认识，在改造实践活动中遇到种种问题，也引发了不少批评和争论。"城中村"先天的不规范性以及城市用地日渐稀缺性并存导致其成为政府大力改造的对象。城中村与"现代城市很不协调"的"丑陋"空间形态，城市政府急于要改变城中村的面容面貌，急于铲除城中村相关的并为社会所诟病的种种问题，有强烈愿望去推动城中村改造[1]。许多城市政府对城中村改造采取推倒重建的措施，以及市场化运作、政府主导的模式。土地开发商以利润为宗旨，围绕市场需求与赢利多寡来设计与定位的城中村改造，难以达至公共利益最大化、兼顾环境与社会效益。况且市场化城中村改造受制于经济波动与变迁，市场周期性地波动与难以预测，尤其受到房地产市场变化的影响。除了体现城市形象工程外，城市政府以 GDP 增长的政绩目标激励与导向，充当经济工具的城中村改造，难免诱发或强化社会问题，如城市空间社会阶层布局高端化与中产阶层化、阶层不平等、拆迁矛盾与冲突等问题。市场化大拆大建单一经济目标不符合城市可持续发展基本要求。此外，大规模改造使得城市面临民俗严重缺失、生活方式与社会网络解体、空间特质认知阻断、历代传承城区特有的复合化功能遭到破坏等许多严重深层次问题。城市发展的空间与结构功能关系，各种不确定因素和问题的解

决，都需要时间及相互作用过程才能显现出来。采用"推倒重建"的方式，同时不注意选择合适的时机，不能适当地掌握节奏和速度，造成改造规模过大、速度过快。只有逐步改造，才能有效审视阶段性效果，进行更具弹性的方案选择，通过试错及时总结经验，校正改造政策，减少盲目性和一次性改造建设带来的刚性空间定格缺憾，提升改造的经济、社会与环境效益。城中村问题的复杂性决定了改造的长期性，反思市场化城中村急剧式改造存在的不足，建构综合性与渐进式城中村改造策略，是当前城中村改造运动不得不思考的问题。

2 文献简要回顾

在西方城市发展历程中，依据城市发展的时空背景差异及更新的开发内容、组织形式等不同，有城市重建（Urban Reconstruction）、城市复苏（Urban Revitalization）、城市复兴（Urban Renaissance）、城市更新（Urban Renewal）、城市再生（Urban Regeneration）和城市再开发（Urban Redevelopment）等多个概念，这些概念强调空间改造内容各有侧重点，但本质上都指城市土地空间功能置换和循环利用。20世纪40年代，西方采取"消灭贫民窟"的办法，将其全部推倒，土地拍卖，消灭现存的邻里和社会网络，但城市更新运动并没有取得预期效果，反而在一定程度上给城市带来巨大的破坏[2]。直至20世纪70年代，西方学者逐渐意识到单纯地清除贫民窟的办法、开发商主导的大规模急剧推倒重建式城市更新已无法满足居民的各方要求，无法彻底改善城市居民的生活状况，而且耗资巨大[3]。国外旧城改造的经验教训是一面镜子，一味地拆旧建新导致城市宜居性逐渐弱化，结果带来街区长期或间歇性萧条[4]。国外贫民窟改造的经验与教训是值得借鉴的。

国内学者不断总结国内外城市更新的经验

和教训。倪慧，阳建强[5]总结了西欧城市更新的特点，分析了其趋势，发现西方城市已从大规模推倒重建走向小规模渐进式谨慎更新，尽管速度与实效较慢，却利于城市问题长期有效的解决以及城市的长远发展，避免大规模拆毁式改造带来的恶性循环。董玛力，陈田等[6]认为推土机式重建提升城市的物质面貌，丰富了城市功能，但城市更新只是在空间上对贫民窟转移，同时造成沉重的社会成本和经济成本。

叶超，柴彦威等[7]认为资本、权力和阶级等政治经济要素和力量对城市的重新塑造，从而使城市空间成为其介质和产物的过程。马学广，王爱民等[8]总结了城中村改造等城市空间重构引发的政府、企业、社区等各种社会行动者之间的社会冲突，证实了空间调整与社会变迁之间的辩证统一关系。蓝宇蕴[1,9]分别论证了市场化的城中村改造和政府主导的城中村改造两种组织模式的优缺点，认为近年来大规模城中村改造，主要取决于城中村区位及土地价值与其潜在市场价值之间较大利差，政府以大拆大建为标志的改造，改变的不仅是城市空间形态与外在景观，更是特定群体的生存方式。黄杉，葛丹东等[10]探讨了"城中村"、"城市移民"与城市拓展的相互关系及三者在发展中相互协调进而形成良性互动的现实必要性。组织、运作和管理三个层面探索构建多中心多层次的城市土地再开发协同治理机制，以减少过程中的利益失衡、社会冲突问题，维护安定和谐的发展局面[11]。张其邦，马武定[12,13]对城市更新对象的空间、时机、期限、度以及更新地改造的优先性进行了详细地探讨。何深静等[14]提出采用渐进式小规模有机更新改造的方式保存和发展社区社会网络。改造并非可以一蹴而就，而需要一个渐进、连续、有机更新的过程，以达到城市再生的目的[15]。国内外的实践和理论研究已经注意到，城市更新与改造从原来的推倒式重建转向小规模的更新，从短期、急剧式转向长期、渐进式。

3 急剧式大拆重建与渐进式小规模改造的区别

对于城市整体而言，城中村改造要实现既定的目标，通常采取两种方式：一是急剧式、大规模拆除的重建；另一种是渐进式、小规模的改造。

急剧式大拆重建对现状毫无保留，关注改造后达到的目标，追求简单有序的终极状态；在方法上，统一规划、相对集中建设；在内容上，追求功能比较单一，即便是混合功能，也以功能分区来解决。整个实施过程以刚性为主，在既定的社会、经济条件下，改造方案和时间弹性变化不大。改造有一定的速度要求、时间限制。大拆重建式改造在计划期需要大量资金支撑和很强的住房购买能力。否则，造成住宅实际空置、土地资源隐性空置和机会成本提高。

急剧式大拆重建与渐进式小规模改造的区别　　　　　　　　　　　　　　表 2

模式	现状利用	目标	方法	内容	实施特点	实施条件
急剧式重建	无保留	追求终极目标，空间形态急剧变化	统一规划与集中建设	功能单一	刚性，有速度和时间要求	资金量大，很强住房购买能力
渐进式改造	尽可能利用	随城市发展需要而变化，空间形态演进变化、逐步达到目标	分阶段建设	结合未来发展需要做局部更新	弹性，无时间点要求	资金压力不大，随市场需求量而变化

急剧式改造有利于缩短改造时间，实现一步到位，但增加社会经济阵痛的强度，只有在资金充足能保证拆迁补偿满意且及时到位、市场相当繁荣能迅速消化新建住房，广大村民十分渴求改造且已做好拆迁准备，急剧式改造才是可行的。

而渐进式小规模改造是尽可能地利用现状，并不追求终极状态，而是随着城市发展需要而变化；在方法上，分阶段建设，而是据现状特征、结合未来发展的需要作局部更新；在改造结束的时间点上也没有限制。小规模渐进式改造随城市经济社会活动和功能调整的需要、资金积累、新建住房的市场消化能力而进行逐步改造。渐进式改造，它是自上而下的，是城中村改造体系有组织、有计划、有步骤地实现对城中村及周边空间结构及其运作方式进行兴利除弊、革故鼎新的改进，整个过程处于改造体系的控制中。

渐进式改造虽要持续较长时间，却有利于化解不利因素，有利于随时调整改造规划，减小改造阻力，减轻改造所造成的不利影响，留有试错改错和止损的机会。渐进式改造基本上不会引起大范围的拆迁矛盾与冲突危机，它既能实现城市更新与发展，同时又有利于社会稳定。

4 渐进式改造的特征

渐进式改造是相对于急剧式改造而言，与急剧式改造明显的区别就在于其改造方式不是一蹴而就的，而是一种演进式分步走的改造，采用的是一种循序渐进的方法，具有在时间、速度和次序选择上的渐进特征。渐进式改造的特征主要体现在以下三个方面：

（1）试点先行。渐进式改造不是城中村改造短期内全面展开，而是在某些地段、某些城中村率先进行改造试点，然后进行总结。

（2）试验推广。城中村改造措施都从较小范围内的试验开始，在取得成功并进行总结的基础上加以局部推广，由点及面，不断总结和观察，进而扩大其实行范围。

（3）灵活性与过程可控。城中村改造过程的基本要求就是过程的可控性。改造时机、步骤把握、利弊权衡、过程调控，以及街区的复兴，有赖于政府把控作用及原则性，适度增强改造模式灵活性和适应性，把城中村改造局部性与城市可持续发展整体性协调衔接，才可能使城中村改造获得成功。

渐进式改造总体上采取循序渐进、先易后难、通过试点和过程不断调整，改造政策实时改进完善。渐进式改造的优点，是政府比较容易控制改造的进程，把改造自上而下的发展战略部署与具体改造方案自下而上的创造积极性结合起来，通过试错及时总结经验和教训，校正改造的步骤，使改造在不断深入的同时保证城市持续更新。

渐进式改造的明显优点：第一，渐进式改造每一步改造的力度较小，群众比较能够承受，也有利于锻炼广大群众的承受能力；第二，由于改造采取渐进的方式，震荡小，有利于社会的稳定；第三，有利于改造的领导者总结和积累经验，探索和开拓改造的新路子，增强改造模式和措施的适应性。

5 城中村渐进式改造的必要性

城中村改造目标的合理与否影响目标实现的可能性。城市发展动态性和不确定性，未来不可能准确预测，根据确定性的现状判断未来难免失去许多机遇。"跨越式"发展有时也带来负面效应。通常大规模改造却只强调来自外部的改造力量（如巨额的开发资金），忽视甚至抹杀蕴藏于城中村内部的丰富多样的活力因素，因而往往遭遇到各种阻力，引发各种矛盾。

要准确预测 10 年、15 年后城市发展的空间功能需求相当困难，尤其是对处于快速发展的城市。面对城市不可确定的未来，倘若改造提前，建筑使用寿命或经济寿命过短，或者在条件不具备的情况下过早地进行城中村改造，可能会导致街区被动地"二次更新"，造成极大的资源浪费，不利于城市的可持续发展；从社会公平来看，时机未成熟，"不该改造的提前改造"往往是社会强势群体对弱势群体资源的占有，引起激烈的社会矛盾冲突。

因此，城市的复杂性、多样性和难以预测性，应着眼于城市实际的渐进式自然生长的改造方法，也是整体适应性改造，增强改造灵活性。城中村改造的艰巨性、未来的不确定性，需要"整体渐进式"思路，即涉及空间规划、行政、土地储备、资金运作、拆迁安置、就业、补偿等多个层面进行系统设计，同步实施，循序渐进，整体推进。

城中村改造渐进式演进的过程给了决策者和参与者学习和适应新形势的时间，而且，不同时期不同城中村改造的经验转换为总结纠错过程，空间任何变化必须有利于城市发展与建设，因而每一个城中村改造都会促进城市区域的发展与繁荣，而急剧式改造的结果可能导致街区间歇性或长久萧条。渐进式演进的城中村改造，与城市人力资本与物质资本增长速度相适应，城市社会经济进入平稳持续发展的状态。

6 渐进式改造的策略

6.1 分析城中村改造的模式与类型，形成方案试点

城市内部不同地域范围存在资源分布和发展不平衡，由于各地域发展阶段、经济状况、产业类型、生态环境承载力等背景条件的不同，各地域的城中村类型和改造模式存在较大

差异。总结各地域典型改造模式，评估其得与失，判断其适用对象、价值范围和适用度，建立不同的改造方案。方案来源大体的途径包括：一是村民或者村委员发起的城中村改造行动，自发筹集资金自行改造，村民或村集体为了实现自身利益最大化，也可能超出现有的有关规定，或者在政策界限不明、行为规则尚未建立的情况下，建立市场或者房地产开发。二是城市政府提出试点要求。城市政府在信息不完全、城中村改造效应不确定情况下，首先要求所辖行政区提出改造方案，在一定条件下、一定的限度内给予基层政府进行改造创新的自由，确立辖区内的城中村改造试点。根据城中村改造实践运作，政府决策者可运用案例推理法和比较研究法，对已改造的模式类型、运作体系、实施策略、具体方法、技术手段等进行系统分类，有选择性地吸取其成功经验或失败教训，归纳各地域间改造存在问题及解决办法，并进一步做出针对性的研究总结和价值判断，为后期城中村改造实践提供参考例证。

6.2　构建城中村改造的综合评价体系，实施、修正和补充

　　城中村改造目标的确立涉及拆迁补偿、就业、安置、地域经济发展、空间形态塑造以及土地资源利用等多方面，决定了改造综合评价体系与方法具有多目的性与交叉性的特征，规划与改造过程应贯彻全面系统的改造思路，运用整体性原则、动态性原则和组织等级原则，从现状评价、规划评价与改造评价等多层面建构城中村改造综合评价体系与方法。从社会、经济、环境以及资源等方面研究城中村改造综合评价体系，建立"现状—目标—决策"评估改造模型，为各地域城中村改造的现状环境分析、改造目标评判、综合价值评估、多方案优化比选以及再发展潜力分析等提供技术性导向支撑，使城中村改造过程、决策过程进一步系

统化和科学化，引导城中村改造与区域全面协调可持续发展。通过实施综合性评价体系，全面考察改造结果和过程，有效检查、监督既定改造方案实施过程和实施效果，并在此基础上形成相关反馈，从而对后期改造方案与规划的内容、政策设计及改造运作机制提出修正、调整的建议，使城中村改造运作实现良性循环过程。为了提高实施评价的可操作性，可通过年度实施评价报告的形式，了解城中村改造在实施期限内的实现过程。随着城中村渐进式改造过程的定期、稳定、持续的渐进式研究，针对前期发现的问题，在后期的实施过程中不断加以校正，形成规范的文件或政策，然后予以实施、修正和补充过程，也就是城中村改造实验和积累经验的过程。结合城市人口、经济等数据进行评价，把握城市建设的速度、空间拓展的方向、空间布局的构成、各类基础设施的推进、城市生态环境的改善、城乡统筹的发展等，阶段性调整评价的标准，以城中村改造为契机，优化供应土地利用结构，从而推动城市空间结构优化。

6.3　建立城中村改造规划与方法的整体性框架，全面推广和实施

　　根据全面认识和掌握城中村改造规律与经验，全市推广，或以行政命令及法律方式确立下来，城市政府通过地方法规和行政命令推进改造。城中村渐进式改造将是一项长期而复杂的系统工程，量大面广，结合不同类型城中村改造典型案例实证研究，通盘考虑城市整体规划与内部各区域协调发展，重点研究城中村改造布局结构优化、土地利用空间结构调整、空间环境品质提升以及民俗文化遗产保护与再利用等关键性的规划问题，探寻实现城市空间重构与规划的有效途径和综合性改造模式和办法。在此基础上，针对城市总体规划和详细规划的具体安排，研究制定适应各地域改造规划

编制内容要求和特点的目标、方法、程序、原则与技术标准，提出具有技术针对性的城中村改造规划与设计方法，以提高城中村改造规划编制的科学性与可操作性。

7 结论

城市更新改造是城市发展永续行为，城中村改造应是一个动态过程，应与城市更新相协调。一定时期确定哪个区域哪个城中村需要改造、改造过程工期多长、改造到什么程度，这是比较静态地看待城中村改造时空规律。随着城市发展变化和时间的推移，城市产业发展、户籍和土地等公共政策变迁、居民需求的转变等对城市空间功能有了新需求，要采用适当规模、合适尺度，依据改造内容与要求，妥善处理城市现在与将来的关系，不断提高改造方案与规划设计质量，使每一个城中村改造后的发展达到与周边环境协调和完整性的目的。因此，不仅要把握城中村改造时空静态模式的规律，更要深入认识一定城市化水平下时空转换、市场机制作用下城中村改造时机、改造方案、改造工期和改造程度的调整和社会问题的协调，恰当地配置人力、资金、土地、财政等城市有限的资源，采用整体适应性渐进式改造模式，促进城市可持续发展与更新。

参考文献

[1] 蓝宇蕴．论市场化的城中村改造——以广州城中村改造为例[J]．理论探讨，2010．（12）：275-278．

[2] Sonne W. Dwelling in the metropolis：Reformed urban blocks 1890～1940 as a model for the sustainable compact city[J]．Progress in Planning，2009，72(2)：53-149．

[3] Carmon N. Three generations of urban renewal policies：analysis and policy implications[J]．Geoforum，1999，30(2)：145-158．

[4] 鲁西米．卡尔斯鲁厄 Dome 区老城改建[J]．住区，2002，（10）：17-21．

[5] 倪慧，阳建强．当代西欧城市更新的特点与趋势分析[J]．现代城市研究，2007，（6）：19-26．

[6] 董玛力，陈田，王丽艳．西方城市更新发展历程和政策演变[J]．人文地理，2009，（5）：42-46．

[7] 叶超，柴彦威，张小林．"空间的生产"理论、研究进展及其对中国城市研究的启示[J]．经济地理，2011，31(3)：409-414．

[8] 马学广，王爱民，闫小培．城市空间重构进程中的土地利用冲突研究——以广州市为例[J]．人文地理，2010，（3）：72-77．

[9] 蓝宇蕴，蓝燕霞．关于政府主导城中村改造的探析——以广州城中村改造为例[J]．城市观察，2010，（5）：110-117．

[10] 黄杉，葛丹东，华晨．城市移民社区与城市发展的协调——杭州东部城中村规划改造策略[J]．浙江大学学报（理学版），2009，36(1)：103-108．

[11] 叶磊，马学广．转型时期城市土地再开发的协同治理机制研究述评[J]．规划师，2010，26(10)：103-111．

[12] 张其邦，马武定．更新地——基于空间角度的城市更新研究[J]．重庆建筑大学学报，2006，28(6)：14-17．

[13] 张其邦，马武定．空间—时间—度：城市更新的基本问题研究[J]．城市发展研究，2006，13(4)：46-52．

[14] 何深静，于涛方，方澜．城市更新中社会网络的保存和发展[J]．人文地理，2001，（6）：36-39．

[15] 董丽晶，张平宇．城市再生视野下的棚户区改造实践问题[J]．地域研究与开发，2008，27(3)：44-47．

专业书架

Professional Books

行 业 报 告

《中国建设年鉴 2014》

《中国建设年鉴》编委会　编

本年鉴力求综合反映我国建设事业发展与改革年度情况，属于大型文献史料性工具书。内容丰富，资料来源准确可靠，具有很强的政策性、指导性、文献性。2014 卷力求全面记述 2013 年我国房地产业、住房保障、城乡规划、城市建设与市政公用事业、村镇建设、建筑业、建筑节能与科技和国家基础设施建设等方面的主要工作，突出新思路、新举措、新特点。

征订号：26783，定价：300.00 元，2015 年 1 月出版

《中国建筑业改革与发展研究报告（2014）——改革驱动与技术提升》

住房和城乡建设部建筑市场监管司、住房和城乡建设部政策研究中心　编著

本书围绕"改革驱动与技术提升"这一主题进行编写。全书共 5 章，分别从中国建筑业发展环境、中国建筑业发展状况、建筑业发展面临的机遇和挑战、信息化与建筑业发展、建筑工业化推动转型升级五方面进行了详细的阐述。附件给出了住房和城乡建设部关于推进建筑业发展和改革的若干意见、

改革开放以来建筑业重大改革政策措施回顾、2013～2014 年建筑业最新政策法规概览、安徽省人民政府关于促进建筑业转型升级加快发展的指导意见、福建省人民政府关于进一步支持建筑业发展壮大十条措施的通知、湖北省人民政府关于促进建筑业发展的意见、2012～2013 年度中国建设工程鲁班奖（国家优质工程）获奖工程名单及部分国家建筑业情况。

征订号：26099，定价：36.00 元，2014 年 10 月出版

《中国建筑节能年度发展研究报告 2015》

清华大学建筑节能研究中心　著

本书是自 2007 年出版以来的第 9 本中国建筑节能年度发展研究报告。本书将以北方城镇供暖节能作为专篇进行阐述，主要内容包括：第一章中国建筑能耗基本现状，第二章北方城镇建筑供暖用能状况分析，第三章 北方城镇供暖节能理念与发展模式思辨，第四章北方城镇供暖节能技术讨论，第五章 北方城镇供暖管理体制改革，第六章 北方城镇供暖节能最佳实践案例，附录 中国建筑面积计算方法的说明。

征订号：27111，定价：58.00 元，2015 年 3 月出版

《2013～2014 年度中国城市住宅发展报告》

邓　卫　张　杰　庄惟敏　编著

　　本书对 2013～2014 年度中国城市住宅开发建设、配置流通等各领域的实况与动态予以全面、客观的介绍和分析。全书共分 6 章，主要包括 2013～2014 年度中国城市住宅发展概况、住房的供需与金融情况、住房交易状况、2013 年中国房地产调控政策盘点、对影响中国房价的经济因素的分析，以及住宅与技术等专题内容。

　　本书的主要特点在于：主要以国家统计局、住房和城乡建设部等政府部门发布的权威统计数据为基础进行科学分析，从实证的角度反映 2013～2014 年度全国城市住宅的发展状况，数据翔实、图表丰富、行文简明、语言朴实、表述明了。是从事住宅规划设计和开发建设工作者可参考借鉴的工具书。

　　征订号：27205，定价：30.00 元，2015 年 5 月出版

《中国旅游地产发展报告 2014～2015》

中国房地产业协会商业地产专业委员会
EJU 易居（中国）控股有限公司　主编

　　中国旅游地产在 2014 年延续了以往强劲的发展势头。新型城镇化建设和农地改革的推进，乡村旅游、创意农业、特色旅游小镇等形态受到热捧；"互联网＋"的思维开始了与房地产行业的融合；以云南分时度假平台为典型的地方实践稳步开展。如何开发好、经营好旅游地产产品成为人们关注的焦点。

　　中国房地产业协会商业地产专业委员会、EJU 易居（中国）控股有限公司和克而瑞信息集团旅游地产事业部一同，总结前两年《中国旅游地产发展报告》编撰经验，开拓思维，积极探索热点领域、重点问题，从全国旅游地产市场发展状况、区域特征到开发企业、常见类型，再到未来发展区域的预判，全方位、多角度对中国旅游地产研究、解读。全书图文并茂、数据详尽、有理有据，可为房地产行业从业人员提供参考。

　　征订号：27099，定价：78.00 元，2015 年 3 月出版

《中国工程造价咨询行业发展报告（2014 版）》

中国建设工程造价管理协会　编著

　　我国工程造价咨询业已取得了长足发展，形成了独立执业的工程造价资讯产业。工程造价管理的业务范围得到较大扩展，推行了工程量清单计价制度。但是也依旧存在工程造价专业人才缺乏，学历教育的知识体系还不能适应行业发展的要求等问题，需要我们在工程造价管理的内涵与任务、行业发展战略、管理体系等多个方面进一步深入思考。

据此中价协计划每年出版《中国工程造价咨询行业发展报告》。

本书结合工程造价咨询行业的发展现状和历史沿革，分析了行业发展环境，列举了行业发展的政策及技术标准，进行了行业结构分析和影响行业发展主要因素分析，提出行业发展趋势，完成了"十二五"期间工程造价咨询市场的状况及发展变化趋势专题报告、行业人才培养发展计划专题报告等。

征订号：27017，定价：70.00 元，2015年2月出版

建筑工业化与信息化

《建筑工业化典型工程案例汇编》

中国城市科学研究会绿色建筑与
节能专业委员会

本书由中国城市科学研究会绿色建筑与节能专业委员会组织编撰，共收录 16 个各有特点的建筑工业化典型工程案例，包括：沈阳万科春河里项目、香港启德 1A 公共房屋建设项目，新加坡环球影城项目等，针对这些工程中所采用的建筑工业化技术进行了介绍，并提供了大量施工图和现场照片，具有非常重要的借鉴意义和参考价值。

征订号：27061，定价：118.00 元，2015年3月出版

《保障性住房产业化系列丛书
——保障性住房厨房标准化
设计和部品体系集成》

住房和城乡建设部住宅产业化促进中心　主编

此书作为"保障性住房产业化系列丛书"的第四本，在总结分析保障性住房厨房类型、特点和现存问题的基础上，探讨了厨房模块化设计理念和方法，研究了保障性住房厨房空间布局、部品系统、管线连接系统及接口技术等，提供了多种保障性住房厨房标准化设计方案，为保障性住房厨房功能设置、平面布局、空间利用和使用维护等提供多种技术解决路径。有助于保障性住房相关管理人员、开发企业的学习掌握，促进保障性住房产业化健康发展。

在住房和城乡建设部住宅产业化促进中心的组织下，北京市建筑设计研究院、北京工业大学等高校及科研单位，深圳、济南、江苏多地的产业化中心，宁波方太厨具、苏州科逸住宅设备、北京盛世、博洛尼等多家知名企业，共同参与编写。内容详尽，具有一定的权威性和指导性。

征订号：25936，定价：35.00 元，2014年9月出版

《如何让 BIM 成为生产力》

何关培　主编

本书是《BIM 技术应用丛书》之一。全书共分为 6 章，第 1 章为 BIM 生产力基本概

念；第2章为企业开展 BIM 生产力建设需要具备的一些基本认识；第3章介绍个人 BIM 应用能力建设；第4章为企业 BIM 生产力建设过程中经常会碰到和需要考虑的一些主要问题；第5章介绍业主、设计、施工、运维四类企业开展 BIM 应用的若干关键内容和方法；第6章为作者团队根据自身为客户服务的实践总结的企业 BIM 初始生产力建设实施路线、流程和关键点。本书内容系统全面，知识性、可读性强，对计划开展 BIM 应用的企业具有一定的参考意义。

征订号：27499，定价：39.00 元，2015年8月出版

《BIM 技术应用基础》

何关培　策划　王轶群　主编

本书是面向专业、岗位及职业需要编写而成的 BIM 教学培训用书，全书共分为10章，包括：BIM 概述，BIM 模型创建流程，Revit 应用基础，建筑专业模型创建，结构专业模型创建，水、暖、电专业模型创建，BIM 模型集成及技术应用，基于 BIM 模型的工程算量，BIM 模型 5D 应用以及展望。全书内容浅显易懂，突出典型性、示范性，使读者在学习软件功能的同时，也能了解和掌握与专业相关的 BIM 应用方法。

本书可作为各类院校建筑业相关专业的教

材，也可供从事 BIM 技术研究的人员学习和参考。

征订号：27759，定价：55.00 元（暂定），2015年11月即将出版

《大型施工总承包工程 BIM 技术研究与应用》

李久林　等编著

本书既是对北京城建集团十多年来 BIM 技术研究与应用成果的系统总结，也是作者对如何实现大型建筑工程的数字化建造进行的探索和思考。全书共分为五篇，分别为：综述篇（大型建筑工程的数字化建造）、国家体育场篇（国家体育场施工信息化管理实践、基于 IFC 标准的建筑工程 4D 施工管理系统、建筑工程多参与方协同工作网络平台系统、国家体育场钢结构工程施工信息管理系统）、昆明新机场篇（昆明新机场机电设备安装与运维管理实践、基于 BIM 的航站楼机电设备安装 4D 管理系统、基于 BIM 的机场航站楼运维信息管理系统）、英特宜家购物中心篇（北京英特宜家购物中心工程 BIM 集成应用实践）、专业应用篇（BIM 在大型施工总承包工程中的专项应用）。

征订号：26164，定价：35.00 元，2014年11月出版

《勇敢走向 BIM2.0》

刘济瑀　主编

本书内容主要分为两大部分——BIM2.0

的基本概念与 BIM2.0 的实践经验。基本概念部分主要介绍 BIM 技术的相关概念及应用发展概况，通过解析 BIM2.0 模式的理论基础和发展历程，强调其对行业发展的深远意义，以及 BIM2.0 对各工程建设各参与方的重要性与迫切性。实践经验部分主要针对设计单位以 Revit 为设计平台、以各专业的设计流程为主线对 BIM2.0 设计方法进行了系统阐述，同时介绍了 BIM2.0 技术在建设项目全生命周期中的应用。本书以平实简练的语言回答了"BIM 是什么?"、"BIM 好在哪?"、"BIM2.0 与 BIM 是什么关系?"、"BIM2.0 怎么用?"、"BIM2.0 给我们带来了什么?"等一系列业主、施工方、管理方以及设计方共同关注的问题。

征订号：26920，定价：60.00 元，2015 年 3 月出版

《智慧建造理论与实践》

李久林　魏　来　王　勇

本书由中国城市科学研究会数字城市专业委员会智慧建造学组组织编写，为最近几年我国在智慧建造方面的理论研究和应用成果，系统阐述了智慧建造理论、描绘智慧建造发展蓝图，力求推动智慧建造事业的健康快速发展。全书共 9 章，分别为：智慧城市的发展与建设现状，从数字化建造到智慧

建造，基于 BIM 的工程设计与仿真分析，现代测绘技术与智慧建造，大型建筑工程的数字化建造技术，工程安全与质量控制监测技术，基于三维 GIS 技术的铁路建设管理应用，基于 BIM 的机电设备运维管理实践，常用 BIM 平台软件及应用解决方案。

征订号：27392，定价：45.00 元，2015 年 7 月出版

工 程 管 理

《工程建设安全技术与管理丛书》

《工程建设安全技术与管理丛书》是浙江省工程建设领域在一线工作的专家们多年来安全管理实践经验的总结和提炼。丛书选择了建筑工程、市政工程、安装工程、城市轨道交通工程等在安全管理中备受关注的重点问题进行研究与探讨，同时又将幕墙、外墙保温等热点融入其中。丛书秉持务实风格，立足于工程建设过程中安全技术及管理人员实际工作需求，从设计、施工技术方案的制定、工程的过程预控、检测等源头抓起，将各环节的安全技术与管理相融合，理论与实践相结合，规范要求与工程实际操作相结合，为工程安全技术及管理人员提供了可操作性的参考。

《市政工程施工安全技术与管理》

周松国　邓铭庭　主编

安全生产是人类社会赖以生存和发展的基础。本书将涉及的工程本身特点、危险性较大

工程、施工设备、施工临时用电和应急救援预案等按章节加以论述。重点突出安全生产，强调"以人为本"的理念，力求反映市政工程施工安全实践，同时借鉴了国外先进的安全管理方法。

征订号：27356，定价：45.00 元，2015 年 8 月出版

《安装工程安全技术管理》

李美霜 黄思祖 主编

本书通过对国家、行业、企业有关法规、标准、规范之关键要求的综合提炼，融汇安装人安全管理的经验和智慧结晶，吸取各类事故血的教训，深刻剖析影响安全的环境与人为因素、客观及主观原因，遵循"安全第一，预防为主，综合治理"的安全生产管理方针，编纂了安全管理过程控制的有关规定、要求和措施，供广大安全管理工作者学习和借鉴。

征订号：26816，定价：55.00 元，2015 年 5 月出版

《建筑起重机械安全技术与管理》

吴恩宁 主编

本书主要针对建筑起重机械中整机外形最大、使用最为普遍、容易发生安全事故的

两种建筑起重机械——塔式起重机和施工升降机作系统介绍。建筑起重机械是房屋建筑和市政工程施工中用于物料的垂直和水平运输及构件安装的主要施工机械，也是高层建筑施工中用于作业人员上下乘运的重要设施。建筑起重机械属于危险性较大的专业设备，是涉及人身安全的特种设备，因此，普及建筑起重机械的安全技术知识，是提高管理人员和操作者安全技术水平的有效措施，是做好建筑起重机械安全监督管理工作的基础。

征订号：26760，定价：48.00 元，2015 年 5 月出版

《建筑外墙保温体系应用技术与安全管理》

牛志荣 罗义英 主编

本书主要论述建筑外墙外保温体系应用技术与安全管理，主要包括墙体保温节能基础知识，墙体保温体系的热工性能，系统防水透气，墙体保温体系防火性能，外墙外保温系统抗震性能与安全管理，墙体保温体系抗风性能，墙体保温体系设计和施工，外墙保温体系检测和验收。

征订号：26866，定价：40.00 元，2015 年 5 月出版

《净水厂运行技术与安全管理》

邓铭庭 主编

本书以安全为主线，在调查研究我国净水厂运行、维护与管理经验基础上，突出净水厂安全生产的可操作性和安全性，阐述了净水厂安全生产的理念、目标和总体要求，系统从行业安全形势，从业人员要求，水质安全，水源安全及制水过程的安全运行养护等方面加以描述和规范。既有安全运行技术的论述，又有安全运行管理经验的总结。可指导净水厂从业人员的运行和管理，促进净水厂安全生产的规范化发展。

征订号：26794，定价：68.00元，2015年5月出版

《工程项目成本管理实论》

鲁贵卿 著

本书不但有深厚的理论基础，也有鲜活的实践作支撑。笔者结合自己从业近40年的工作经历，提出了成本管理"方圆理论"的概念，初衷是想把中国传统的方圆之道运用到现代企业管理的实践中，尤其是运用到工程项目管理的实践中，以丰富项目管理的理论研究成果。外圆内方、虚实结合的"方圆图"，将建筑施工企业的接项目、干项目、算账收钱的全过程，将法人管项目的要求，将责权利相结合的现代管理理念全都清晰地囊括，是建筑企业成本管理的理论指南和降本增效的有力武器。

征订号：27671，定价：70.00元，2015年10月出版

《突破重围——中国建筑企业转型升级新思维》

杨宝明

本书定位于中国建筑企业中高层领导的战略参考指南，从中国建筑业的特点、本质出发，结合目前国家宏观形势，深度剖析行业存在问题与原因；作者从战略、品牌、信息化等多个新的视角为中国建筑企业的转型升级提供新颖的建议，对于施工企业高层管理层制定企业战略有着重要的参考价值。

本书分为七大篇章，第一篇介绍了目前我国建筑企业的现状与存在问题；第二篇着重介绍了目前建筑业面临的新形势，对建筑企业竞争力提出了新的要求；第三至第六篇，分别从战略、品牌、信息化、BIM技术四个方面着墨，介绍了建筑企业转型升级的4个抓手；第七篇通过剖析了十八届三中全会、建筑业发展改革意见来预见中国建筑业的未来发展趋势，并对建筑企业家提出了殷切的期盼。

征订号：26885，定价68.00元，2015年2月出版

《国际工程承包项目谈判实务与技巧》

左　斌　编著

本书根据作者十几年来从事国际工程承包业务管理与领导工作的经验，从承包企业的实际出发，以国际工程承包项目为主线，向读者提供了在国际工程承包项目市场开发、实施与执行的各个阶段，国际工程谈判活动的基本常识。

全书包括 8 章内容：基本概念；谈判前的准备工作；谈判用语及谈判风格；谈判的主要任务；谈判的战略与决策；谈判的语言表达与技巧；谈判案例；谈判的文书。书中许多案例是作者亲身经历的工作实践，许多谈判的技巧被实践证明是切实可行的。本书从实际应用出发，具有较强的实用性和可操作性。

征订号：25993，定价 48.00 元，2015 年 2 月出版

《国际工程承包项目管理手册》

左　斌　编著

本书作者根据十几年来从事国际工程承包业务管理工作的经验，从承包企业的实际出发，以国际工程承包项目管理为主线，向读者提供了国际工程承包项目的市场开发、立项、实施与执行的各个阶段，国际工程承包项目管理的基本常识与实务操作。阐述了国际工程承包项目管理的主要工作，介绍了项目管理的基本方式、方法以及操作程序与要求，并为从事

国际工程承包项目的管理者提供了规避和降低风险，所采取的主要措施。

全书包括 12 章内容：基本概念；国际工程承包项目市场开发与招投标；项目管理目标、任务与组织；项目策划及项目管理规划；合同管理；成本管理；进度管理；质量管理；健康安全与环境管理；物资采购管理；信息管理；竣工验收、保修管理与考核评价。

征订号：26989，定价 45.00 元，2015 年 5 月出版

《绿色施工示范工程实施指南》

陕西省建筑业协会　主编

本书由陕西省建筑业协会组织编写，从申报、管理、技术、评价、成效、检查与验收等方面，对绿色施工示范工程提出了更为具体的系统要求，将进一步规范建筑业绿色施工示范工程的立项、实施、检查和验收等程序，促进绿色施工的良好实施，对我国绿色施工的推进起到指导和借鉴作用。

征订号：27311，定价：42.00 元，2015 年 6 月出版

《建筑垃圾回收回用政策研究》

孙金颖　编著

本书是我国首部关于建筑垃圾资源化利用

政策研究领域的著作，填补了该领域的研究空白。本书详细地介绍了发达国家在建筑垃圾政策管理方面的经验，以及我国建筑垃圾资源化利用工作开展较早城市的典型做法，通过建立我国建筑垃圾产量估算模型，对我国建筑垃圾存量及未来产量进行了预测，并详细分析了建筑垃圾资源化利用全产业链的特点及各参与主体间的关系，提出了到2020年我国建筑垃圾资源化利用的推广路线图和政策建议。

征订号：27382，定价：35.00元，2015年5月出版

《建设工程优秀项目管理实例精选2015》

北京市建筑业联合会建造师分会　编写

本书精选了最新建设工程优秀项目管理实例共57篇，内容涵盖地铁隧道、机场、购物中心、会展中心、文化中心、总部大楼、学校、医院、酒店、产业园区、大型民用住宅、南水北调等大型基建工程的创新管理模式和成果总结。书中实例充分反映了项目经理部的项目管理模式和方法，展示了其工程的技术含量和项目管理能力，体现了项目管理创新和技术管理创新特点，对提升建筑企业工程项目管理水平起到了重要的推动作用。

征订号：27540，定价：65.00元，2015

年8月出版

《现代建筑之精益项目交付与综合实践》

[美] 林肯·H·福布斯

赛义德·M·艾哈迈德　著

何清华 董 双 李永奎 董 杰 译

本书是一本详细介绍精益理念如何在建筑业得到应用和发展的书籍。作者以精益思想指导的意识改革为基础，从系统整合的角度出发，在施工现场硬面环境和建筑企业软环境的支撑下，建立了包括精益计划控制系统、精益质量保证系统、精益流程管理、精益流程测评及技术、精益项目交付模式、施工均衡化、模块化施工与并行工程、看板管理系统及准时施工等方面的精益建设基本理论体系。译者相信该著作中文翻译版的出版发行将为推动精益建设理论在中国建筑业的应用起到积极作用。

征订号：25287，定价：80.00元，2015年8月出版

《现代土木工程施工新技术》

李忠富　主编

本书以最近十几年发展起来的土木工程施工新技术为对象，阐述了各种新型施工工艺的结构构造、材料、机械设备和施工方法，包括深基坑支护新技术、地基加固新技术、地下空间工程新技术、新型钢筋、模板及脚手架技术、新型混凝土技术、预应力混凝土施工技

术、钢结构施工新技术、建筑外围护节能施工新技术、道路施工新技术、桥梁施工新技术、施工过程监测和控制、施工管理的信息化技术应用等，并穿插了不少工程实例图片资料。

征订号：25522，定价：47.00 元，2014年 10 月出版

《工程造价咨询行业发展战略研究报告》

中国建设工程造价管理协会
吕发钦　吴佐民　编

本书结合工程造价咨询行业的发展现状和特点，针对行业发展中存在的突出问题，提出工程造价咨询行业通过实施人才培养战略、规模化发展战略、行业信息化战略、国际化战略，经过 5 到 10 年的发展和努力，力争实现行业诚信度和公信力明显提升、行业结构优化取得明显成效、人才培养满足行业发展要求、行业信息化程度明显提高、大型造价咨询企业做大做强取得重大进展、造价咨询企业治理机制和管理制度更加科学、国际化水平明显提高的行业发展目标，同事提出了促进工程造价咨询行业做强、做大、规范化发展的政策建议。

征订号：25886，定价：45.00 元，2014年 8 月出版

《中国工程造价管理体系研究报告》

中国建设工程造价管理协会　吴佐民　编

中国的工程造价行业在最近 20 年取得了突出的发展成就，特别是造价工程师职业资格制度建立以来，中国工程造价专业人员在工程建设中的业务范围不断拓展，地位得到显著提高，一个具有社会影响力的工程造价咨询业已经形成。为适应社会对工程造价管理的要求，有必要深入研究我国工程造价的发展模式，探索适应我国工程造价行业发展的工程造价管理体系。

本书通过我国工程造价的改革和发展研究，初步提出了我国工程造价管理的体系建设思路，应围绕工程造价管理法律法规、工程造价管理标准、工程价定额和工程计价信息四大体系的基本框架。本书的出版有助于使造价管理更好地为项目质量、工期、安全、环境和技术进步等要素提供服务与引导。

征订号：25885，定价：30.00 元，2014年 8 月出版

《国际工程承包项目招标投标报价与项目全寿命周期管理模板》

吴　鸣　等主编

本书详细介绍了国际工程项目的招标方式及程序，招标文件，投标的程序，投标策略，报价技巧，全寿命周期各阶段的管理要点，以及国际工程各种风险的管控。本书收录了很多第一手案例，凝聚了作者长期从事国际工程的

项目承包的丰富经验，使本书做到了理论性和实践性的密切结合，本书的特点是将理论和知识经过提炼和整理，使之模板化，方便读者更清晰、更迅速地掌握要点，有助于提升招标投标报价和工程项目管理人员对工程承包项目的认知判断能力；提升对工程承包项目的实际操作能力；提升招标项目投标报价的可靠精准性和安全风险评估能力；提升投标报价人员的业务创新能力；提升工程项目全寿命周期内的现代管理水平及与国际接轨能力。

征订号：27086，定价：98.00元，2015年8月出版

《社会公众活动项目管理》

孟宪和 曹蕾 著

社会公众活动的组织与实施是一项复杂的系统工程，如何建立一套科学的公众活动项目管理模式，加强对社会公众活动的策划、组织、实施和管理，是有必要研究的一个课题。但目前国内对公众活动的研究较少，缺乏系统性的研究成果。本书作者在社会公众活动项目管理领域中摸索十余年，并形成了一套中国本土化的公众活动项目管理体系。本书结合实际案例，总结了成功经验、创新管理和实践成果，从公众活动的定义、管理现状、未来发展，研究公众活动的特点和难点，揭示其运行规律，梳理出公众活动项目系统，以及科学、高效、实用的管理理论、模型、方法和工具，力图为中国公众活动项目的决策者、组织者、管理者提供参考和借鉴。

征订号：27486，定价：40.00元，2015年6月出版

《复合职能制组织结构设计理论与应用》

马国荣 著

本书以"复合职能制"这种全新的组织结构模式为核心，以建筑施工企业为载体，从组织结构静态角度——组织架构，以及组织结构动态角度——运行机制两个方面全面、系统、有机地阐述了组织结构设计理论和提供解决组织活动的具体方法。该书是作者对实践的深刻总结和理论的深入思考，很多内容提法都是全新的，除了复合职能制组织结构这个核心内容之外，还有很多创新之处。诸如：以"社会资源存在方式"为理念，用具有市场特性的清单方式代替具有计划特性的预算方式，较好地解决了成本测算与控制问题；以"平均值迭代法"为理念的目标值确定方法，为目标管理赋予了新的含义等。

征订号：26055，定价：36.00元，2014年10月出版

《群体工程施工网络总计划编制与实例》

康光复 著

本书主要有五个特点：一是本书把概念、

原理、方法、案例结合起来阐述，能使读者尽快掌握编制"总计划"的方法，并能编制出具有科学性、先进性、适用性、可操作性的"总计划"；二是能快捷地编制出"总计划"，理顺各单位工程、各系统、各工作之间的关系是一件复杂而麻烦的事，只有"关系"是正确的，所编制出的网络计划才具有科学性，当读者全面掌握了本书所阐述的方法后，就能化复杂为简单，可以不再编制各单位工程、各系统、各工作之间的关系表，而是直接用手或电脑编制网络计划，这就极大地提高了编制网络计划的效率；三是本书全面、深入地阐述了"总计划"中的"三种线路"，施工组织者通过对"三种线路"的分析，能全面、准确掌握工程各部位的施工进度的紧迫程度或宽松程度，从而淡定地组织施工；四是本书对总时差、自由时差作了深入、具体的阐述，有助于施工组织者科学的运用好机动时间，在确保总工期的前提下最大限度降低施工成本；五是本书对绘制双代号网络图作了一点简化，使绘图十分便捷。

征订号：27329，定价：40.00元，出版时间：2015年5月

《建筑企业项目管理实务》

任铁栓　等编著

建筑企业的基础管理同所有其他工业企业一样，是其产品的生产管理体系，形象来讲，就是建筑工程产品的管理规程，也即如现代典型工业企业的生产流水线一样，但建筑企业一般没有固定的生产流水线，但其产品的生产管

理流程是存在的，本书的主要目的也就在于帮助建筑企业通过项目管理规程的建立与实施，使产品生产的管理能够常态化、标准化、信息化，从而促进建筑企业管理的现代化，赶超国际先进水平。

征订号：26016，定价：40.00元，2014年11月出版

房地产开发与管理

《深圳住房政策实践与住房制度创新》

王　锋　李宇嘉　著

本书研究主体定位于在我国住房市场化改革进程中，深圳市的住房政策实践与住房制度改革创新问题。目的是以在全国率先开展住房制度改革、率先建立住房市场化体系的深圳市为案例，通过分析其住房制度改革历程、住房发展过程、住房政策创新与实施情况以及未来住房政策与住房制度顶层设计的思路，为今后全面发挥市场在住房资源配置中的决定性作用，推进我国城镇住房制度的深化改革，加快国家住房发展政策的顶层设计，提供深化改革新的样板和可资借鉴的经验。

征订号：26884，定价 68.00 元，2014 年
12 月出版

《住宅建筑工程质量
保险制度研究》

王宏新 著

本书就住宅建筑
工程质量保险制度问
题，论述了住宅建筑
工程质量保险的作用
与意义、住宅建筑工
程质量保险相关理论、
中国住宅建筑工程质
量保险制度探索历程
以及现行制度困境，深入分析了住宅建筑工程
质量保险范围、保险费率确定以及住宅建筑工
程质量检查机构，在此基础上提出多元合作治
理创新、建立符合我国国情的住宅建筑工程质
量强制保险制度政策建议。

征订号：27316，定价 25.00 元，2015 年
3 月出版

《房地产开发 6 大关键节点
管理（第二版）》

彭加亮 编著

房地产开发涉及的环节多、工作繁复，特
别是在土地获取、项目策划、规划设计、报批
管理、施工管理、销售管理和客户管理等重要
节点中，房地产从业人员需要把握核心问题、
找准重要方向。本书就是对房地产开发、运营
全过程中的重点工作节点进行了全面的梳理和
总结，为了顺应我国房地产领域相关法规政策
调整、完善的现状，作者在第一版的基础上，
加入了微信营销、全名经纪等互联网浪潮下房

地产业的新理念、新做法；新增大量使用案
例，以"文字＋图表＋模板＋案例"的表现形
式，构建一套更为完善的房地产开发企业关键
节点管理体系。

征订号：25694，定价：128.00 元，2015
年 9 月出版

《中国房地产投资收益率
分析报告 2014》

中国房地产估价师与房地产

经纪人学会 主编

房地产投资收益率（IRR）是反映房地产
投资收益能力的主要指标之一，其高低反映了
房地产投资风险的大小，从而可以推断该项投
资的收益水平或可行性，是房地产投资决策、
房地产项目评价中常用的基本参数。

受到中国房地产估价师与经纪人学会的委
托，东方美中咨询有限公司借鉴美国房地产投
资收益率的计算方法，借助中国工商银行、中
国农业银行、中国建设银行等单位，通过 30
余家房地产估价机构进行了实际调查计算，于
2013 年首次推出《中国房地产投资收益率分
析报告》这一年度报告。此后逐年完善调查方
法、扩展调查范围，形成了较为权威的房地产
投资情况的系列研究成果。

征订号：26002，定价：58.00 元，2014
年 9 月出版

《中国的城镇住房制度改革
——合约安排的演进分析》

卢　嘉　著

　　住房制度是化解住房矛盾、促进住房发展的基础。本书运用合约理论，分析局限条件和交易费用的变化，解释我国住房制度的变迁，提出国家合约是住房合约的局限条件，住房制度改革主要受到改革开放程度、中央与地方政府关系、城镇化进程和产权制度四个关键局限

影响，有助于读者全面了解中国城镇住房制度的整个发展过程。

　　征订号：25477，定价：30.00 元，2014年 5 月出版